"十三五"国家重点图书

富有机质
页岩
沉积环境与
成岩作用

中国能源新战略——页岩气出版工程

国家出版基金项目
NATIONAL PUBLICATION FOUNDATION

主　编：于炳松

副主编：李　娟　曾秋楠

　　　　孙梦迪　史　淼

U0395538

华东理工大学出版社
EAST CHINA UNIVERSITY OF SCIENCE AND TECHNOLOGY PRESS

·上海·

图书在版编目（CIP）数据

富有机质页岩沉积环境与成岩作用 / 于炳松主编.
—上海：华东理工大学出版社，2016.9
（中国能源新战略：页岩气出版工程）
ISBN 978 - 7 - 5628 - 4506 - 5

Ⅰ.①富…　Ⅱ.①于…　Ⅲ.①页岩－沉积环境　②页岩
－成岩作用　Ⅳ.①P588.2

中国版本图书馆CIP数据核字（2016）第049883号

内容提要

全书共分七章，第1章介绍海相富有机质页岩；第2章介绍陆相富有机质页岩；第3章介绍海陆过渡相富有机质页岩；第4章是页岩沉积层序；第5章是页岩成岩作用；第6章是页岩孔隙特征与演化；第7章是页岩沉积与成岩作用研究方法。

本书可作为高等学校地质相关专业本科生、研究生的学习指导书，同时可作为地质领域教师、相关工程技术人员及政府管理人员的参考用书。

项目统筹 /	周永斌　马夫娇
责任编辑 /	马夫娇
书籍设计 /	刘晓翔工作室
出版发行 /	华东理工大学出版社有限公司
	地　址：上海市梅陇路130号，200237
	电　话：021-64250306
	网　址：www.ecustpress.cn
	邮　箱：zongbianban@ecustpress.cn
印　　刷 /	上海雅昌艺术印刷有限公司
开　　本 /	710mm×1000mm　1/16
印　　张 /	16.25
字　　数 /	260千字
版　　次 /	2016年9月第1版
印　　次 /	2016年9月第1次
定　　价 /	78.00元

总序

一

　　能源矿产是人类赖以生存和发展的重要物质基础,攸关国计民生和国家安全。推动能源地质勘探和开发利用方式变革,调整优化能源结构,构建安全、稳定、经济、清洁的现代能源产业体系,对于保障我国经济社会可持续发展具有重要的战略意义。中共十八届五中全会提出,"十三五"发展将围绕"创新、协调、绿色、开放、共享的发展理念"展开,要"推动低碳循环发展,建设清洁低碳、安全高效的现代能源体系",这为我国能源产业发展指明了方向。

　　在当前能源生产和消费结构亟须调整的形势下,中国未来的能源需求缺口日益凸显。清洁、高效的能源将是石油产业发展的重点,而页岩气就是中国能源新战略的重要组成部分。页岩气属于非传统(非常规)地质矿产资源,具有明显的致矿地质异常特殊性,也是我国第172种矿产。页岩气成分以甲烷为主,是一种清洁、高效的能源资源和化工原料,主要用于居民燃气、城市供热、发电、汽车燃料等,用途非常广泛。页岩气的规模开采将进一步优化我国能源结构,同时也有望缓解我国油气资源对外依存度较高的被动局面。

　　页岩气作为国家能源安全的重要组成部分,是一项有望改变我国能源结构、改变我国南方省份缺油少气格局、"绿化"我国环境的重大领域。目前,页岩气的开发利用在世界范围内已经产生了重要影响,在此形势下,由华东理工大学出版社策划的这套页岩气丛书对国内页岩气的发展具有非常重要的意义。该丛书从页岩气地质、地球物理、开发工程、装备与经济技术评价以及政策环境等方面系统阐述了页岩气全产业链理论、方法与技术,并完善了页岩气地质、物探、开发等相关理论,集成了页岩气勘探开发与工程领域相关的先进技术,摸索了中国页岩气勘探开发相关的经济、环境与政策。丛书的出版有助于开拓页岩气产业新领域、探索新技术、寻求新的发展模式,以期对页岩气关键技术的广泛推广、科学技术创新能力的大力提升、学科建设条件的逐渐改进,以及生产实践效果的显著提高等,能产生积极的推动作用,为国家的能源政策制定提供积极的参考和决策依据。

我想,参与本套丛书策划与编写工作的专家、学者们都希望站在国家高度和学术前沿产出时代精品,为页岩气顺利开发与利用营造积极健康的舆论氛围。中国地质大学(北京)是我国最早涉足页岩气领域的学术机构,其中张金川教授是第376次香山科学会议(中国页岩气资源基础及勘探开发基础问题)、页岩气国际学术研讨会等会议的执行主席,他是中国最早开始引进并系统研究我国页岩气的学者,曾任贵州省页岩气勘查与评价和全国页岩气资源评价与有利选区项目技术首席,由他担任丛书主编我认为非常称职,希望该丛书能够成为页岩气出版领域中的标杆。

让我感到欣慰和感激的是,这套丛书的出版得到了国家出版基金的大力支持,我要向参与丛书编写工作的所有同仁和华东理工大学出版社表示感谢,正是有了你们在各自专业领域中的倾情奉献和互相配合,才使得这套高水准的学术专著能够顺利出版问世。

中国科学院院士

2016年5月于北京

总序

二

进入21世纪，世情、国情继续发生深刻变化，世界政治经济形势更加复杂严峻，能源发展呈现新的阶段性特征，我国既面临由能源大国向能源强国转变的难得历史机遇，又面临诸多问题和挑战。从国际上看，二氧化碳排放与全球气候变化、国际金融危机与石油天然气价格波动、地缘政治与局部战争等因素对国际能源形势产生了重要影响，世界能源市场更加复杂多变，不稳定性和不确定性进一步增加。从国内看，虽然国民经济仍在持续中高速发展，但是城乡雾霾污染日趋严重，能源供给和消费结构严重不合理，可持续的长期发展战略与现实经济短期的利益冲突相互交织，能源规划与环境保护互相制约，绿色清洁能源亟待开发，页岩气资源开发和利用有待进一步推进。我国页岩气资源与环境的和谐发展面临重大机遇和挑战。

随着社会对清洁能源需求不断扩大，天然气价格不断上涨，人们对页岩气勘探开发技术的认识也在不断加深，从而在国内出现了一股页岩气热潮。为了加快页岩气的开发利用，国家发改委和国家能源局从2009年9月开始，研究制定了鼓励页岩气勘探与开发利用的相关政策。随着科研攻关力度和核心技术突破能力的不断提高，先后发现了以威远–长宁为代表的下古生界海相和以延长为代表的中生界陆相等页岩气田，特别是开发了特大型焦石坝海相页岩气，将我国页岩气工业推送到了一个特殊的历史新阶段。页岩气产业的发展既需要系统的理论认识和配套的方法技术，也需要合理的政策、有效的措施及配套的管理，我国的页岩气技术发展方兴未艾，页岩气资源有待进一步开发。

我很荣幸能在丛书策划之初就加入编委会大家庭，有机会和页岩气领域年轻的学者们共同探讨我国页岩气发展之路。我想，正是有了你们对页岩气理论研究与实践的攻关才有了这套书扎实的科学基础。放眼未来，中国的页岩气发展还有很多政策、科研和开发利用上的困难，但只要大家齐心协力，最终我们必将取得页岩气发展的良好成果，使科技发展的果实惠及千家万户。

这套丛书内容丰富，涉及领域广泛，从产业链角度对页岩气开发与利用的相关理论、技术、政策与环境等方面进行了系统全面、逻辑清晰地阐述，对当今页岩气专业理论、先进技术及管理模式等体系的最新进展进行了全产业链的知识集成。通过对这些内容的全面介绍，可以清晰地透视页岩气技术面貌，把握页岩气的来龙去脉，并展望未来的发展趋势。总之，这套丛书的出版将为我国能源战略提供新的、专业的决策依据与参考，以期推动页岩气产业发展，为我国能源生产与消费改革做出能源人的贡献。

中国页岩气勘探开发地质、地面及工程条件异常复杂，但我想说，打造世纪精品力作是我们的目标，然而在此过程中必定有着多样的困难，但只要我们以专业的科学精神去对待、解决这些问题，最终的美好成果是能够创造出来的，祖国的蓝天白云有我们曾经的努力！

中国工程院院士

2016年5月

总序

三

页岩气属于新型的绿色能源资源，是一种典型的非常规天然气。近年来，页岩气的勘探开发异军突起，已成为全球油气工业中的新亮点，并逐步向全方位的变革演进。我国已将页岩气列为新型能源发展重点，纳入了国家能源发展规划。

页岩气开发的成功与技术成熟，极大地推动了油气工业的技术革命。与其他类型天然气相比，页岩气具有资源分布连片、技术集约程度高、生产周期长等开发特点。页岩气的经济性开发是一个全新的领域，它要求对页岩气地质概念的准确把握、开发工艺技术的恰当应用、开发效果的合理预测与评价。

美国现今比较成熟的页岩气开发技术，是在20世纪80年代初直井泡沫压裂技术的基础上逐步完善而发展起来的，先后经历了从直井到水平井、从泡沫和交联冻胶到清水压裂剂、从简单压裂到重复压裂和同步压裂工艺的演进，页岩气的成功开发拉动了美国页岩气产业的快速发展。这其中，完善的基础设施、专业的技术服务、有效的监管体系为页岩气开发提供了重要的支持和保障作用，批量化生产的低成本开发技术是页岩气开发成功的关键。

我国页岩气的资源背景、工程条件、矿权模式、运行机制及市场环境等明显有别于美国，页岩气开发与发展任重道远。我国页岩气资源丰富、类型多样，但开发地质条件复杂，开发理论与技术相对滞后，加之开发区水资源有限、管网稀疏、人口稠密等不利因素,导致中国的页岩气发展不能完全照搬照抄美国的经验、技术、政策及法规,必须探索出一条适合于我国自身特色的页岩气开发技术与发展道路。

华东理工大学出版社策划出版的这套页岩气产业化系列丛书,首次从页岩气地质、地球物理、开发工程、装备与经济技术评价以及政策环境等方面对页岩气相关的理论、方法、技术及原则进行了系统阐述,集成了页岩气勘探开发理论与工程利用相关领域先进的技术系列,完成了页岩气全产业链的系统化理论构建,摸索出了与中国页岩气工业开发利用相关的经济模式以及环境与政策,探讨了中国自己的页岩气发展道路,为中国的页岩气发展指明了方向,是中国页岩气工作者不可多得的工作指南,是相关企业管理层制定页岩气投资决策的依据,也是政府部门制定相关法律法规的重要参考。

我非常荣幸能够成为这套丛书的编委会顾问成员,很高兴为丛书作序。我对华东理工大学出版社的独特创意、精美策划及辛苦工作感到由衷的赞赏和钦佩,对以张金川教授为代表的丛书主编和作者们良好的组织、辛苦的耕耘、无私的奉献表示非常赞赏,对全体工作者的辛勤劳动充满由衷的敬意。

这套丛书的问世,将会对我国的页岩气产业产生重要影响,我愿意向广大读者推荐这套丛书。

中国工程院院士

2016年5月

总

序

四

　　绿色低碳是中国能源发展的新战略之一。作为一种重要的清洁能源,天然气在中国一次能源消费中的比重到2020年时将提高到10%以上,页岩气的高效开发是实现这一战略目标的一种重要途径。

　　页岩气革命发生在美国,并在世界范围内引起了能源大变局和新一轮油价下降。在经过了漫长的偶遇发现(1821—1975年)和艰难探索(1976—2005年)之后,美国的页岩气于2006年进入快速发展期。2005年,美国的页岩气产量还只有1134亿立方米,仅占美国当年天然气总产量的4.8%;而到了2015年,页岩气在美国天然气年总产量中已接近半壁江山,产量增至4291亿立方米,年占比达到了46.1%。即使在目前气价持续走低的大背景下,美国页岩气产量仍基本保持稳定。美国页岩气产业的大发展,使美国逐步实现了天然气自给自足,并有向天然气出口国转变的趋势。2015年美国天然气净进口量在总消费量中的占比已降至9.25%,促进了美国经济的复苏、GDP的增长和政府收入的增加,提振了美国传统制造业并吸引其回归美国本土。更重要的是,美国页岩气引发了一场世界能源供给革命,促进了世界其他国家页岩气产业的发展。

　　中国含气页岩层系多,资源分布广。其中,陆相页岩发育于中、新生界,在中国六大含油气盆地均有分布;海陆过渡相页岩发育于上古生界和中生界,在中国华北、南方和西北广泛分布；海相页岩以下古生界为主，主要分布于扬子和塔里木盆地。中国页岩气勘探开发起步虽晚，但发展速度很快，已成为继美国和加拿大之后世界上第三个实现页岩气商业化开发的国家。这一切都要归功于政府的大力支持、学界的积极参与及业界的坚定信念与投入。经过全面细致的选区优化评价（2005—2009年）和钻探评价（2010—2012年），中国很快实现了涪陵（中国石化）和威远–长宁（中国石油）页岩气突破。2012年，中国石化成功地在涪陵地区发现了中国第一个大型海相气田。此后，涪陵页岩气勘探和产能建设快速推进，目前已提交探明地质储量3805.98亿立方米，页岩气日产量（截至2016年6月）也达到了1387万立方米。故大力发展页岩气，不仅有助于实现清洁低碳的能源发展战略，还有助于促进中国的经济发展。

然而，中国页岩气开发也面临着地下地质条件复杂、地表自然条件恶劣、管网等基础设施不完善、开发成本较高等诸多挑战。页岩气开发是一项系统工程，既要有丰富的地质理论为页岩气勘探提供指导，又要有先进配套的工程技术为页岩气开发提供支撑，还要有完善的监管政策为页岩气产业的健康发展提供保障。为了更好地发展中国的页岩气产业，亟须从页岩气地质理论、地球物理勘探技术、工程技术和装备、政策法规及环境保护等诸多方面开展系统的研究和总结，该套页岩气丛书的出版将填补这项空白。

该丛书涉及整个页岩气产业链，介绍了中国页岩气产业的发展现状，分析了未来的发展潜力，集成了勘探开发相关技术，总结了管理模式的创新。相信该套丛书的出版将会为我国页岩气产业链的快速成熟和健康发展带来积极的推动作用。

中国科学院院士

2016年5月

丛书前言

社会经济的不断增长提高了对能源需求的依赖程度，城市人口的增加提高了对清洁能源的需求，全球资源产业链重心后移导致了能源类型需求的转移，不合理的能源资源结构对环境和气候产生了严重的影响。页岩气是一种特殊的非常规天然气资源，她延伸了传统的油气地质与成藏理论，新的理念与逻辑改变了我们对油气赋存地质条件和富集规律的认识。页岩气的到来冲击了传统的油气地质理论、开发工艺技术以及环境与政策相关法规，将我国传统的"东中西"油气分布格局转置于"南中北"背景之下，提供了我国油气能源供给与消费结构改变的理论与物质基础。美国的页岩气革命、加拿大的页岩气开发、我国的页岩气突破，促进了全球能源结构的调整和改变，影响着世界能源生产与消费格局的深刻变化。

第一次看到页岩气（Shale gas）这个词还是在我的博士生时代，是我在图书馆研究深盆气（Deep basin gas）外文文献时的"意外"收获。但从那时起，我就注意上了页岩气，并逐渐为之痴迷。亲身经历了页岩气在中国的启动，充分体会到了页岩气产业发展的迅速，从开始只有为数不多的几个人进行页岩气研究，到现在我们已经有非常多优秀年轻人的拼搏努力，他们分布在页岩气产业链的各个角落并默默地做着他们认为有可能改变中国能源结构的事。

广袤的长江以南地区曾是我国老一辈地质工作者花费了数十年时间进行油

气勘探而"久攻不破"的难点地区,短短几年的页岩气勘探和实践已经使该地区呈现出了"星星之火可以燎原"之势。在油气探矿权空白区,渝页1、岑页1、酉科1、常页1、水页1、柳页1、秭地1、安页1、港地1等一批不同地区、不同层系的探井获得了良好的页岩气发现,特别是在探矿权区域内大型优质页岩气田(彭水、长宁-威远、焦石坝等)的成功开发,极大地提振了油气勘探与发现的勇气和决心。在长江以北,目前也已经在长期存在争议的地区有越来越多的探井揭示了新的含气层系,柳坪177、牟页1、鄂页1、尉参1、正西页1等探井不断有新的发现和突破,形成了以延长、中牟、温县等为代表的陆相页岩气示范区和海陆过渡相页岩气试验区,打破了油气勘探发现和认识格局。中国近几年的页岩气勘探成就,使我们能够在几十年都不曾有油气发现的区域内再放希望之光,在许多勘探失利或原来不曾预期的地方点燃了燎原之火,在更广阔的地区重新拾起了油气发现的信心,在许多新的领域内带来了原来不曾预期的希望,在许多层系获得了原来不曾想象的意外惊喜,极大地拓展了油气勘探与发现的空间和视野。更重要的是,页岩气理论与技术的发展促进了油气物探技术的进一步完善和成熟,改进了油气开发生产工艺技术,启动了能源经济技术新的环境与政策思考,整体推高了油气工业的技术能力和水平,催生了页岩气产业链的快速发展。

该套页岩气丛书响应了国家《能源发展"十二五"规划》中关于大力开发非常规能源与调整能源消费结构的愿景,及时高效地回应了《大气污染防治行动计划》中对于清洁能源供应的急切需求以及《页岩气发展规划(2011—2015年)》的精神内涵与宏观战略要求,根据《国家应对气候变化规划(2014—2020)》和《能源发展战略行动计划(2014—2020)》的建议意见,充分考虑我国当前油气短缺的能源现状,以面向"十三五"能源健康发展为目标,对页岩气地质、物探、工程、政策等方面进行了系统讨论,试图突出新领域、新理论、新技术、新方法,为解决页岩气领域中所面临的新问题提供参考依据,对页岩气产业链相关理论与技术提供系统参考和基础。

承担国家出版基金项目《中国能源新战略——页岩气出版工程》(入选《"十三五"国家重点图书、音像、电子出版物出版规划》)的组织编写重任,心中不免惶恐,因为这是我第一次做份量如此之重的学术出版。当然,也是我第一次有机会系统地来梳理这些年我们团队所走过的页岩气之路。丛书的出版离不开广大作者的辛勤付出，他们以实际行动表达了对本职工作的热爱、对页岩气产业的追求以及对国家能源行业发展的希冀。特别是，丛书顾问在立意、构架、设计及编撰、出版等环节中也给予了精心指导和大力支持。正是有了众多同行专家的无私帮助和热情鼓励，我们的作者团队才义无反顾地接受了这一充满挑战的历史性艰巨任务。

该套丛书的作者们长期耕耘在教学、科研和生产第一线，他们未雨绸缪、身体力行、不断探索前进，将美国页岩气概念和技术成功引进中国；他们大胆创新实践，对全国范围内页岩气展开了有利区优选、潜力评价、趋势展望；他们尝试先行先试，将页岩气地质理论、开发技术、评价方法、实践原则等形成了完整体系；他们奋力摸索前行，以全国页岩气蓝图勾画、页岩气政策改革探讨、页岩气技术规划促产为己任，全面促进了页岩气产业链的健康发展。

我们的出版人非常关注国家的重大科技战略，他们希望能借用其宣传职能，为读者提供一套页岩气知识大餐，为国家的重大决策奉上可供参考的意见。该套丛书的组织工作任务极其烦琐，出版工作任务也非常繁重，但有华东理工大学出版社领导及其编辑、出版团队前瞻性地策划、周密求是地论证、精心细致地安排、无怨地辛苦奉献，积极有力地推动了全书的进展。

感谢我们的团队，一支非常有责任心并且专业的丛书编写与出版团队。

该套丛书共分为页岩气地质理论与勘探评价、页岩气地球物理勘探方法与技术、页岩气开发工程与技术、页岩气技术经济与环境政策等4卷，每卷又包括了按专业顺序而分的若干册，合计20本。丛书对页岩气产业链相关理论、方法及技术等进行了全面系统地梳理、阐述与讨论。同时，还配备出版了中英文版的页岩气原理与技术视频（电子出版物），丰富了页岩气展示内容。通过这套丛书，我们希望能为页岩气科研与生产人员提供一套完整的专业技术知识体系以促进页岩气理论与实践的进一步发展，为页岩气勘探开发理论研究、生产实践以及教学培训等提供参考资料，为进一步突破页岩气勘探开发及利用中的关键技术瓶颈提供支撑，为国家能源政策提供决策参考，为我国页岩气的大规模高质量开发利用提供助推燃料。

国际页岩气市场格局正在成型，我国页岩气产业正在快速发展，页岩气领域中的科技难题和壁垒正在被逐个攻破，页岩气产业发展方兴未艾，正需要以全新的理论为依据、以先进的技术为支撑、以高素质人才为依托，推动我国页岩气产业健康发展。该套丛书的出版将对我国能源结构的调整、生态环境的改善、美丽中国梦的实现产生积极的推动作用，对人才强国、科技兴国和创新驱动战略的实施具有重大的战略意义。

不断探索创新是我们的职责，不断完善提高是我们的追求，"路漫漫其修远兮，吾将上下而求索"，我们将努力打造出页岩气产业领域内最系统、最全面的精品学术著作系列。

丛书主编

2015年12月于中国地质大学（北京）

前　言

　　富有机质页岩是指总有机碳（TOC）含量大于1%的页岩和泥浆。近年来，随着世界范围内页岩油气勘探和开发的不断发展，富有机质页岩日益受到人们的重视，其成因和演化已成为学术界关注的焦点之一。富有机质页岩的形成取决于沉积环境，而页岩油气的形成和富集是富有机质页岩在埋藏过程中成岩演化的结果。由此可见，富有机质页岩的沉积环境和成岩作用是页岩油气地质学的重要组成部分和基础。

　　页岩可以形成于海洋、海陆过渡和大陆湖泊沉积环境中。富有机质黑色页岩的形成，需要具备两个重要条件：一是表层水中浮游生物发育，生产力高；二是具备有利于沉积有机质保存、聚积与转化的条件。在我国，既发育有海相的富有机质页岩，也发育有陆相富有机质页岩，同时还发育有煤系地层中的海陆过渡相富有机质页岩。

　　沉积物堆积下来之后，接着被后续的沉积物所覆盖，即进入与原介质隔绝的新环境，由此开始转变为沉积岩，直至岩石遭受变质作用或风化作用之前的这一阶段，称为成岩作用阶段，有的学者也称其为沉积后作用阶段。在这一阶段，沉积物和沉积岩的物质成分和结构构造均发生一系列变化，通常将此期间内引起沉积物和沉积岩发生变化的作用统称为成岩作用。对于砂岩和碳酸盐岩的成岩作用前人已做了大量研究，但对于泥页岩的成岩作用研究尚不全面。随着页岩气资源的勘探和开发，泥页岩成岩阶段划分、泥页岩的成岩作用研究以及不同泥页岩组分在成岩期的不同响应都受到了高度重视。

　　编写本书的目的,旨在系统地介绍富有机质页岩的沉积环境,不同类型富有机质页岩沉积环境的条件以及其沉积特征,富有机质沉积物在埋藏过程中的成岩阶段,不同阶段中的主要成岩变化及其对页岩孔隙演化和页岩气生成的影响,以期为我国的页岩气勘探和开发提供一定的理论指导。

　　本书由于炳松担任主编,参加编写工作的有李娟、曾秋楠、孙梦迪和史淼。第1～3章和第6章由李娟和于炳松编写,第4章由曾秋楠和于炳松编写,第5章由孙梦迪和于炳松编写,第7章由史淼和于炳松编写,全书由于炳松统编定稿。限于编者水平和目前对富有机质页岩研究程度,书中不足之处在所难免,敬请读者批评指正。

目 录

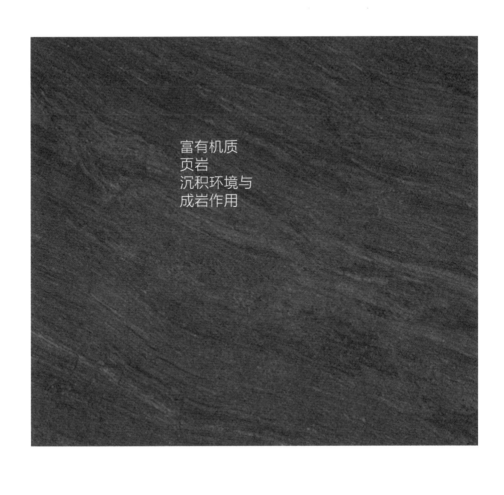

富有机质
页岩
沉积环境与
成岩作用

绪

论

　　按照严格的岩石学定义,页岩是指发育有页理构造的细粒沉积岩。近年来,随着页岩油气勘探和开发的不断发展,在页岩油或页岩气概念中的页岩,已不局限于严格岩石学意义上的内涵,它事实上已是富有机质细粒沉积岩的代名词。本书所讨论的富有机质页岩是指总有机碳(TOC)含量大于1%的细粒沉积岩的总称。从岩石学意义讲,它既包括富有机质的页岩和泥岩,也包括含粉砂、粉砂质的泥页岩和含灰、灰质的泥页岩等含有机械和化学混入物的不纯的泥页岩。

　　泥页岩中有机质的富集受沉积环境条件所制约。沉积环境中高的生物生产率是形成富有机质页岩的前提条件。浮游生物的生产力由表层水中的营养物质含量、光照与温度条件决定。生产力变化与水动力循环条件有关,深部水的上升流和河流大量带入的营养物质均是增强表层水生产力的有利条件。同时,沉积环境中有利于沉积有机质保存、聚积与转化的条件是有机质富集的保障。缺氧环境有利于有机质保存,可形成富有机碳沉积物堆积。如果底层水中已经出现缺氧带,即氧化-还原界面位于沉积物上方底层水处,那么沉积物顶部不会存在氧化带,有利于有机质保存。水循环受限的滞流海(湖)盆、陆棚区台地间的局限盆地边缘海斜坡与边缘海盆地中,由于水深且盆地隔绝性强,水体循环性差,容易形成贫氧或缺氧条件,是发育黑色页岩的有利环境。综合研究认为,富有机质黑色页岩主要形成于缺氧、富H_2S的闭塞海湾、潟湖、湖泊深水区、欠补偿盆地及深水陆棚等沉积环境中。

中国海相富有机质页岩主要分布在南方扬子、华北和塔里木克拉通盆地的下古生界中（表0-1），以深水陆棚相沉积为主，厚度大，分布面积广，有机碳含量高。如四川盆地古生界寒武系筇竹寺组、志留系龙马溪组页岩，分布面积达 $13.5×10^4 km^2$，厚度为 $200 \sim 400 m$，有机碳含量为 $1.85\% \sim 4.36\%$，最高达 $11\% \sim 25.73\%$。

表0-1 中国三种主要富有机质页岩沉积类型与分布

沉积类型	地 层 和 地 区 分 布
海相页岩	扬子地区震旦系、寒武系、奥陶系-志留系，华北地区元古界-古生界，塔里木盆地寒武系-奥陶系，羌塘盆地三叠系-侏罗系
陆相页岩	四川盆地三叠系-侏罗系，鄂尔多斯盆地三叠系，渤海湾盆地古近系，松辽盆地白垩系，塔里木盆地三叠系-侏罗系，准噶尔盆地-吐哈盆地侏罗系，柴达木盆地古近系-新近系
海陆过渡相页岩	中国南方地区二叠系，华北地区石炭系-二叠系，鄂尔多斯盆地石炭系、二叠系，塔里木盆地石炭系-二叠系，准噶尔盆地石炭系-二叠系

我国陆相富有机质泥、页岩广泛分布在四川、鄂尔多斯、渤海湾、松辽、塔里木、准噶尔、吐哈、柴达木等盆地的中新生代地层中（表0-1），以半深-深湖相沉积为特征，也是这些盆地常规油气勘探开发的主要烃源岩。

我国海陆过渡相的富有机质页岩主要发育于晚古生代-中生代的煤系地层中，广泛分布于中国南方、华北、鄂尔多斯、塔里木、准噶尔等盆地或地区（表0-1）。

富有机质沉积物从沉积环境中沉积下来后，在后续的埋藏过程中，经历了复杂的物理和化学变化，即复杂的成岩作用。富有机质泥页岩现今的各种特征，以及有机质的成熟和转化等，均是沉积和成岩作用共同作用的结果。

自1893年Walther首先提出成岩作用的概念后，人们对成岩作用的研究越来越全面、系统和深入。在20世纪70年代，成岩作用的研究得到了快速的发展，如关于次生孔隙的识别标志、分类及其定量计算，对其成因也有了基本认识，特别是有机质脱羧产生的有机酸和二氧化碳对次生孔隙的形成已为大家所共识，不仅海相地层如此，陆相地层中也已得到广泛证实。近年来，我国也有许多学者从事这方面的研究，并取得了较多的成果。这些成果主要集中在80年代以来，包括1989年石油系统专门召开了成岩阶段划分方案的研讨会，1992年正式制定了成岩阶段划分规范，2003年对规范作了补充并制定了新的标准,从而使得对成岩阶段划分在石油系统内趋于统一,并被各石油地质院校和地质部门采用。此外,成岩作用研究已由定性向定量深入,如加拿大Foscolos曾根据黏土矿物成分、混层比及其化学标志(如K₂O含量、阳离子交换容量、化学成分和有关比值),再结合可溶有机质和干酪根的各种物理、化学标志,建立了较为系统的成岩作用标志。由于页岩油气勘探开发的需要,富有机质页岩成岩作用对岩石岩性、岩石孔隙度渗透率、岩石力学性质等的影响,已受到了业界的高度关注。

为此,本书将系统地介绍海相、陆相和海陆过渡相富有机质页岩的沉积环境特征,不同环境的沉积作用响应,富有机质沉积物在埋藏过程中的成岩变化及其对岩石物理性质的影响,并研究其沉积和成岩作用过程中的主要研究方法和手段。

海相富有机质页岩

海洋环境是富有机质页岩沉积的主要环境之一。由于海洋面积广阔,环境多变,条件复杂,致使在不同的海洋环境中沉积作用差异巨大。现代形成富有机质页岩的海洋环境包括:① 具上升洋流大陆边缘浅海环境;② 正常大陆边缘浅海环境;③ 缺氧的分隔盆地;④ 局限海湾环境。

1.1　　具上升洋流大陆边缘浅海环境

1.1.1　　环境特点

洋流上涌是一种深部海水向表层运动的过程,大型的洋流上涌受风力所驱使,这种上涌流在海岸带一般发源于较浅深度,通常很少超过200 m水深,在现代大洋中发现于一些特定条件的海岸带,如加利福尼亚、秘鲁、智利、非洲西南部、墨西哥、澳大利亚西部等海岸带。

Ziegler等(1979)划分了3种有利于海岸带洋流上涌的地理环境:① 纬度在10°～40°,位于大洋东侧南北海岸带的径向洋流上涌;② 纬度在15°以内,位于赤道中央大陆东西海岸带的纬向洋流上涌;③ 纬度在15°以内,斜交赤道中央大陆西侧海岸带由季风引起的洋流上涌。同时在开阔大洋中,洋流上涌也出现于不同水体交界处,如南极大陆周边、赤道及在冰岛和挪威之间等。由于洋流上涌,水体中携带有大量营养物质(硝酸盐和磷酸盐),从而使得这些地区的生物产率很高,而水体中大量死亡有机物的存在进一步促进了对氧的需求,结果在上涌洋流下部更深水层中诱发了缺氧的环境,非洲西南部陆架海岸带就是洋流上涌形成缺氧的典型实例(图1-1)。

同样,秘鲁陆架也存在海岸洋流上涌形成的缺氧环境条件,由于南美西海岸盛行的由南向北的贸易风推动表层水向北运动,同时科利奥利力迫使水体向西运动,这种表层水的运动使得冷的底层水上涌,上涌水体深度在40～500 m不等。上涌水体相对少氧但营养物质丰富,从而造成非常高的生物产率,表层高生物产率水体与其

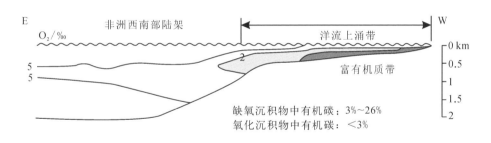

下部相对缺氧的环境增进了下伏海相沉积物中有机质的保存，其有机碳平均含量为
3.33%，高者可达11%，岩性为粉砂质黏土和硅藻泥，深度为100～500 m。

当然并不是所有高生物产率和洋流上涌地区都能形成缺氧层和好的有机质保存
条件，许多高生物产率和洋流上涌地区，其下伏仍为较高氧含量水体（其他含氧水流
补给），沉积物中有机质大多被好氧细菌所破坏，如巴西东南部、北太平洋等洋流上涌
带海底氧供给超过了生物化学氧的需求量，沉积物中有机碳含量低，一般小于1%。

地质历史时期洋流上涌缺氧层形成的特点是：磷酸盐与富有机质沉积物具有明
显的共生关系；显生宙磷酸盐出现于低纬度且与洋流上涌有关；许多洋流上涌磷酸
盐物质的形成时期与世界范围内海侵和最小含氧层的扩展期相对应，如北美西部盆
地古生代磷质黑色页岩是该盆地的主要烃源岩（赵文智等，2002）。

1.1.2　　页岩沉积特征

洋流携带大量营养物质从海底上涌到富氧的水层，导致微生物繁盛，产生大量有
机质，且产生速度远大于分解速度，形成富有机质黑色页岩。我国扬子地区寒武系底
部牛蹄塘组页岩和塔里木地区寒武系底部玉尔吐斯组页岩都具有上升洋流大陆边缘
页岩沉积的特点。

1. 扬子地区寒武系底部牛蹄塘组页岩沉积特征

扬子地区寒武纪沉积盆地类型属于扬子东南被动大陆边缘沉积盆地。早寒武世
早期，南方大陆的拉张活动达到高潮，泛大陆解体，海底扩张导致全球海平面快速上

升,造成扬子碳酸盐台地第一次被淹没。海平面的上升带来了上升洋流,使陆架边缘下部海水柱形成还原环境,扬子板块边缘海域发育黑色岩系、扬子板块克拉通上海水变深,为黑色页岩覆盖。

1)沉积环境条件

扬子地区早寒武世早期处于被动大陆边缘的浅海环境,对于其古海洋环境条件,已从多方面进行了研究。贵州是下寒武统牛蹄塘组黑色页岩分布广泛的地区,下面以黔北地区下寒武统牛蹄塘组富有机质页岩为例,介绍扬子地区早寒武世早期的沉积环境条件。

从微量元素的分析结果看,黔北地区下寒武统底部黑色页岩微量元素中以亲硫元素(Sb、Cd、Cu、Zn、Tl)为主,亲氧元素Sr强烈亏损,因而可以看出当时还原环境占主导地位。需特别注意的是U元素,其浓集系数为3.98。有机质是U的强吸附剂,地层中的有机质含量一般与U成正相关(石玉春等,1993)。黔北地区下寒武统底部富有机质页岩中高的U含量与高有机质含量的正相关性,也说明了其缺氧的还原条件。另据研究表明(蒋敬业,2006),反映黑色页岩形成特定还原环境的元素共生组合一般是U-Cu-Pb-Zn-Cd-Ag-Au-V-Mo-Ni-As-Bi-Sb,黔北地区下寒武统底部富有机质页岩中的微量元素组合基本上与之一致。从以上分析可以看出,黔北地区下寒武统底部的黑色页岩形成于低能还原环境中。

Wingnall(1994)给出了沉积环境V含量与Ni + V含量比[$w_V/(w_{Ni} + w_V)$]的标志值,$w_V/(w_{Ni} + w_V)$为0.83 ~ 1时为静海环境;0.57 ~ 0.83时为缺氧环境;0.46 ~ 0.57时为氧化环境;小于0.46为更氧化环境。根据地层中$w_V/(w_{Ni} + w_V)$这一判断氧化还原环境的地球化学指标,黔北下寒武统底部黑色岩系样品中$w_V/(w_{Ni} + w_V)$的值最高为0.98,最低为0.48,平均为0.78,显示为静海缺氧环境,有利于黑色页岩的生成。

铀在表生作用中非常活泼,容易氧化成较易溶解的铀酰络离子,在水的作用下发生迁移,所以在低能环境下铀较易富集,含量较高。而钍在自然界中仅作为不易溶解的四价离子存在,表生条件下以机械迁移为主,并能在残积物、冲积物和滨海沉积区发生富集,较易存在于高能条件下。因此,U/Th的值在一定程度能反映沉积环境条件,且海相地层U/Th的值一般大于0.2(李昌年,1753)。黔北地区下寒武统底部富有机质页岩中U/Th的值最低为0.28,最高为16.64,平均为3.76,是典型的还原环境。

已有研究表明,泥质岩中的稀土元素含量在沉积岩中最高(海洋锰结核和磷酸盐除外),且其稀土配分模式和稀土元素参数也能指示一定的沉积环境条件(Haskin等,1968)。黔北地区下寒武统底部黑色页岩球粒陨石和黑色页岩北美页岩标准化后的稀土分布模式分别如图1-2和图1-3所示。

从其球粒陨石标准化后的分布曲线上可以看出,曲线为右倾的L形,轻稀土明显富集,重稀土段趋于平缓(图1-2),这与典型的后太古代页岩的稀土组成特征基本一致。究其原因,沉积作用过程中所发生的稀土元素分离起主要作用的是稀土元素的水合和吸附络合物的溶解性,轻稀土较易被风化形成的黏土物质吸附而富集在悬浮物中,而页岩则比较容易富集这种黏土物质,于是就出现了这种轻稀土明显富集的特点。轻重稀土的比值能较好地反映稀土元素(Rare Earth Element, REE)的分异程度,本区内轻重稀土比值较大,一般在6～12。

2)深部物源的影响

黔北地区下寒武统底部富有机质页岩的20个样品中,有8个样品的δEu值大于1,个别达到4.04,平均为1.25。

高异常的δEu值除了受到实验中钡元素的影响外,还可能与深部热液活动有关。Fryer等提出正Eu异常的产生是还原条件下Eu^{3+}转变成Eu^{2+}所致,然而,研究证实在氢氧化铁沉淀的环境中Eu^{3+}是主要的;同时,一般的海水也不具备促使其还原的条件。因此,太古代的条带状铁硅质建造的异常被解释为强还原的热液流体注入或大洋玄武岩经受海底蚀变而继承了来源区的特征。黔北地区下寒武统底部富有机质页岩中正Eu异常也可能反映了深部热液活动的影响。

另外,Mo、Sb、U、Cd、V、Ba、Tl、Ni、W、Cr、Cs、Cu、Zn、Bi等元素的高富集和Sr、Re的强烈亏损也可能与热液活动有关(Steiner, 2001;王益友等,1979)。黔北地区下寒武统牛蹄塘组黑色页岩中元素的相对富集和亏损也表明,在沉积过程中可能受到了深部热液活动的影响。

Co/Zn的值可以作为区分热液来源和正常自生来源的敏感指标(Toth, 1980)。热液来源的Co/Zn的值较低,平均为0.15;而其他铁锰结核一般在2.5。研究区内Co/Zn的值平均为0.12,显示热液成因特点。

Th/Sc和Th/U平均值分别为0.93和0.86,这与上地壳中相应元素的比值(1和

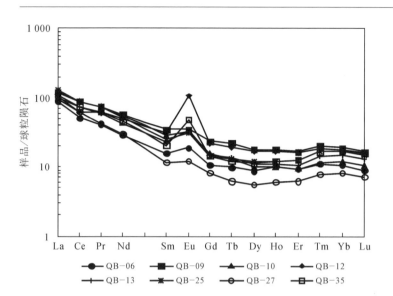

富有村
页岩
沉积环
成岩们

第 1

图1-2 黔北地区下寒武统底部黑色页岩球粒陨石标准化后的稀土分布模式图（Haskin等，1966）

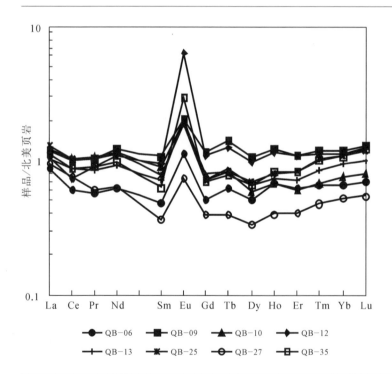

图1-3 黔北地区下寒武统底部黑色页岩北美页岩标准化后的稀土分布模式图（Taylor等，1983）

3.8）以及地壳中黏土岩的平均值（1和3.4）相比明显偏低，这也说明了来自深部的铁镁物质物源的存在。

总之，黔北地区下寒武统底部黑色岩系样品中$w_V/(w_{Ni}+w_V)$的值最大为0.98，最小为0.48，平均为0.78，显示为静海缺氧环境；U/Th值平均在3.76左右，比值高，是典型的还原环境，这些都说明了黔北地区黑色页岩形成的沉积环境是静海缺氧的还原环境。同时，黑色页岩样品中Mo、Sb、U、Cd、V、Ba、Tl、Ni、W、Cr、Cs、Cu、Zn、Bi等的高富集和Sr、Re的强烈亏损以及正Eu异常和较低的Co/Zn值均反映了黔北地区下寒武统底部黑色页岩受到深部热液活动的影响。

2. 塔里木地区寒武系底部玉尔吐斯组页岩沉积特征

塔里木盆地海相沉积中，中下寒武统是重要的海相烃源岩之一，且下寒武统玉尔吐斯组底部的磷质、硅质岩和黑色页岩中的有机质含量（Total Organic Carbon, TOC）较高，可达7%～14%。玉尔吐斯组的标准剖面位于阿克苏西南约80 km的玉尔吐斯山，该组在柯坪地区出露广泛，层位稳定，但厚度略有变化，一般在8～35 m。其特征是：底部为灰黑色含磷结核硅质岩、黑色-灰色薄层硅质岩、磷块岩（含铀、钒等）夹薄层白云质灰岩或透镜体，含有小壳化石，硅质岩表面有葡萄状构造特征；中部为黑色页岩、硅质岩夹白云岩，含有小壳化石；上部为深灰色、灰白色薄层微晶白云岩、瘤状白云岩夹页岩，含小壳化石（图1-4）。

从寒武系玉尔吐斯组的地层空间展布特征来看，自西向东富有机质沉积层段的厚度逐渐变厚，硅质岩的单层厚度增大，而且还有基性火山岩出现。岩石组合特征显示，富含有机质的沉积岩与构造拉张沉降期的海底火山活动关系密切。

硅质岩样品的Al/（Al + Fe + Mn）值在0.002 3～0.004 6变化，Si/（Si + Al + Fe）值分布在0.965～0.980。在海相沉积物中，Al/（Al + Fe + Mn）值是衡量沉积物中热水沉积物输入量的重要标志，且比值随着热水沉积物输入量的增加而减小。东太平洋洋脊热水沉积硅质岩的Al/（Al + Fe + Mn）值为0.01，海相页岩和生物成因硅质岩的平均值分别为0.62和0.60。Si/（Si + Al + Fe）值可提供岩石中生物和热液成因SiO$_2$含量与陆源物质参与的信息，低的值说明沉积岩形成时距离陆源区较近。本区硅质岩的Al/（Al + Fe + Mn）和Si/（Si + Al + Fe）值特征显示，在其沉积时期，沉积环境远离陆源区，且有强烈的海底热水流体活动（孙省利等，2004）。

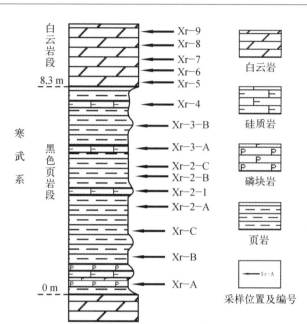

图1-4 塔里木盆地柯坪肖尔布拉克剖面(孙省利等,2004)

微量元素分析结果在剖面上的变化显示,As、Sb、Hg、Pb、Zn、Cu、Co、P、V、Ba等在玉尔吐斯组底部硅质泥岩、泥岩、硅质岩和含磷泥灰岩中明显富集,它们的富集系数大多数大于1,尤其是V、P、Ba的富集系数远远大于1。在底部这套岩石组合中,最显著的特点之一是As、Sb、Hg、Ba富集程度高。As、Hg、Ba在海水中的含量很低,一般不可能在沉积物富集,而在现代海底热水流体含量却很高,往往在热水沉积物中导致富集(孙省利等,2004)。

V、Co、Ni在该层段中异常富集,V一般含量为$(120 \sim 1\,750) \times 10^{-6}$,在局部层位可达0.05% $\sim$ 0.59%;Co含量常变化于$(5 \sim 56) \times 10^{-6}$,局部高达0.013% $\sim$ 0.021%;Ni含量为$(3 \sim 180) \times 10^{-6}$,局部可达0.03% $\sim$ 0.049%。V、Co、Ni是具有基性岩或超基性岩特征的元素,在正常沉积岩中含量并不高,要形成如此程度的富集,说明有盆地内的深源物质输入,这一点已被该层段铂族元素异常所证实(于炳松等,2002)。

在剖面底部,无论是含磷泥灰岩、泥灰岩、泥岩,还是硅质岩,Ba含量明显大于Sr含量,上部白云岩中则相反。剖面下部岩石中 Ba/Sr值远远大于1,与现代海底热水沉积物中的Ba/Sr值相似,具有明显的海底热水沉积特征。

在玉尔吐斯组底部P含量较高,局部地区可形成磷矿。该含磷硅质岩的出现与我国华南寒武纪底部含磷硅质岩夹碳质板岩产出层位一致,由于磷块岩与热水沉积型硅质岩紧密共生,那么它们应有相似的成因。近年来的深海钻探计划研究结果也显示,海底热水流体作用在全球磷质循环中占有重要的地位,海底热水流体活动带来大量的营养物质(N,P等),使富集P的生物繁盛,生物死亡后导致沉积岩中P的富集并形成磷矿。

Th/U值和V/Sc值可以被用做反映沉积环境氧化还原条件的指标。一般在缺氧条件下Th/U值变化于0~2,强氧化环境下为8。在肖尔布拉克剖面中,Th/U值为0.018~0.735,多数样品中均小于0.4,V/Sc值为81~7 800,两者成一定的负相关关系,也能进一步说明玉尔吐斯组底部海相富有机质沉积层段形成于强还原的水体环境中,且出现弱-强交替还原程度的变化。

根据玉尔吐斯组底部富有机质沉积层段在东部与海底火山岩、凝灰岩及硅质岩紧密共生、在西部主要与硅质岩共生的地质特点,结合岩石地球化学研究结果,认为该地区的缺氧事件与海底火山作用及与之紧密伴生的热水流体活动息息相关。因为海底火山作用及与之紧密伴生的热水流体活动不仅给水体带来大量的还原性气体(H_2、CH_4、CO、H_2S等),使水体中氧大量消耗、物理化学条件发生改变并出现水体分层,同时还带来了大量的金属元素和生命必需元素。海底热水流体喷溢活动一方面使海洋水化学条件和生态环境等发生变化,导致嗜热生物群落繁盛和正常海洋生物死亡;另一方面导致水体缺氧分层,有利于有机质的保存,故而该层有机质含量高。

1.2　正常大陆边缘浅海环境

1.2.1　环境特点

大陆边缘环境主要是指浅海陆棚环境,陆棚环境与大陆斜坡紧密相连。根据其地理位置,可以进一步划分为内陆棚和外陆棚。内陆棚位于滨外浪基面以下部分,外陆棚与大陆斜坡相连。陆棚由于远离海岸,碎屑物质很难快速搬运,只能远距离供应,因而供应不足,沉积物出现低速和细粒沉积;水动力不强,始终处于静水、低能环境,沉积构造十分单调,主要为厘米级和毫米级纹层,层厚以中、薄层为主,在大陆斜坡环境往往以薄层为主。

生物上往往出现游泳型动物,如薄壳的腕足类、双壳类、介形虫、钙球、有孔虫、遗迹化石、腹足类和菊石等(蔡雄飞等,2009)。

1.2.2 页岩沉积特征

陆棚由于始终处于浪基面之下,以还原环境为主,沉积物无论在颜色上、物质特点上都留下了特定的记录。颜色基本以黑色、灰黑色为主,物质组成上常出现黄铁矿、磷、锰和碳等元素,其中黄铁矿晶型往往较好。沉积物中有相当多的沉积类型组合具有沉积速率低、缓慢沉积的特征,以化石比较稀少,厚度小,碳、硅、泥质岩出现为特征,是一种沉积作用不活跃环境的产物,指示了低能、低速非补偿的较深水的沉积特征。

1. 美国Fort Worth盆地Barnett页岩沉积

美国Fort Worth盆地Barnett页岩分布广、厚度大、有机质含量高。盆地古生代寒武系—奥陶系沉积属于被动大陆边缘的浅海相,缺失志留系—泥盆系。Barnett页岩沉积于早石炭世板块汇聚的早期浅海陆棚环境,为正常盐度较深水海相沉积。页岩主要由硅质页岩、灰岩和少量白石岩组成。Barnett页岩在盆地东北部Muenster隆起以南厚度大,最大厚度达300 m,内部夹有灰岩层(图1-5)。东南部最厚,为213 ~ 305 m,在西南部Llano隆起和西部Bend背斜处减薄至9.1 m。Bamett页岩与Ellenburger、Chappel和Viola-Simpson呈不整合接触。

根据详细的岩心切片描述,薄片观察,扫描电镜观察,XRD分析,将Barnett页岩划分出3种主要岩相。

(1)纹层状泥岩

纹层状泥岩是Barnett页岩中最主要的岩相。除了泥质外,两种主要的结构组分

图1-5 Fort Worth盆地地理位置（Robert G.Loucks, 2007）

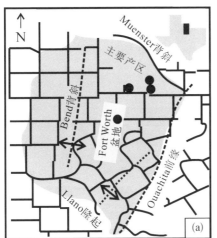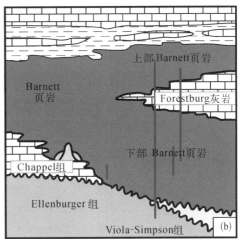

（a）页岩的分布（阴影地区）及地质构造和构造特征，圆点是指取心井；（b）垂线为研究井

是粉砂级球粒和生物颗粒（图1-6、图1-7）。部分球粒由于压实作用而变形成为凝块状组构。生物颗粒主要有放射虫（已被钙质交代）、海绵骨针、软体动物壳体碎屑、头足类、有孔虫、牙形石和远洋藻类（图1-6、图1-7）。

（2）纹层状泥质泥晶灰岩

纹层状泥质泥晶灰岩岩相在Forestburg灰岩中是最主要的岩相，同时在下部Barnett页岩中也有薄层产出（< 0.6 m）。在风化的露头上，这种岩相与泥灰岩相似。这种岩相主要由方解石组成，局部白云石可以达到21%。纹层状灰质泥岩主要由灰泥和粉砂级颗粒的碳酸盐碎屑组成（图1-8）。

（3）泥质生屑泥粒灰岩

含生物骨架泥灰质泥粒岩岩相在下部Barnett页岩中随处可见，同时在上部Barnett页岩中也可以见到，但是在Forestburg灰岩中少见。粗粒壳体层含有各种大小的丝鳃类和小壳类、头足类、腕足类、海绵骨针和放射虫，还有磷酸盐物质（图1-8）。

这种岩相通常富磷酸盐，磷酸盐通常以外壳的形式包裹在颗粒、内碎屑、小球粒的外面。可见磷酸盐碎屑是和壳类物质一起搬运来的。

图1-6 泥
岩岩相图
版(Loucks,
2007)

第 1

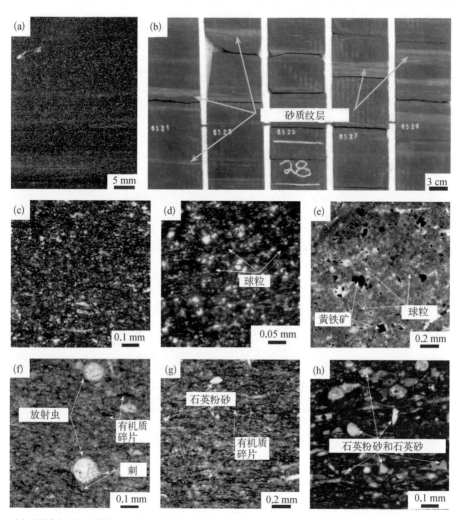

（a）泥岩中的纹层，上部 Barnett 页岩，1 Blakely，2 166 m；

（b）由底流形成的不完整波纹，下部 Barnett 页岩（Papazis, 2005）；

（c）含化石碎片和粉砂颗粒的凝结状小球粒结构，下部 Barnett 页岩，1 Blakely，2 201 m；

（d）含粉砂颗粒的凝结状小球粒结构，下部 Barnett 页岩，2 Sims，2 201 m；

（e）泥岩中的钙质结核，可见未变形的小球粒，下部 Barnett 页岩，1 Blakely，2 181 m；

（f）在富有机质基质中方解石交代带刺的放射虫，下部 Barnett 页岩，1 Blakely，2 182 m；

（g）有机质碎片顺层分布，有石英粉砂存在，下部 Barnett 页岩，1 Blakely，2 183 m；

（h）薄层泥岩中的细粒石英和生物碎屑，下部 Barnett 页岩，1 Blakely，2 181 m

图1-7 粉砂质
泥岩岩相(Robert
G.Loucks, 2007)

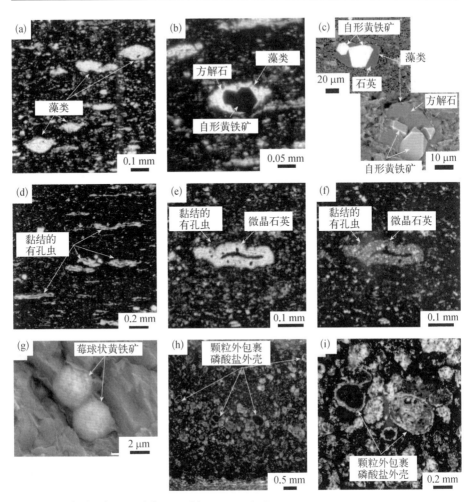

（a）方解石充填压实的藻类化石，上部 Barnett 页岩，1 Blakely，2 166 m；

（b）方解石和自形黄铁矿充填藻类化石，上部 Barnett 页岩，1 Blakely，2 166 m；

（c）上为石英和自形黄铁矿充填藻类化石，SEM，下部 Barnett 页岩，2 Sims（Papazis, 2005）；下为方解石和自形黄铁矿
充填藻类化石，SEM，下部 Barnett 页岩，1 Blakely，2 184 m；

（d）板状黏结的有孔虫化石顺层分布，下部 Barnett 页岩，2 Sims，2 359 m；

（e）具有微晶石英边的黏结的有孔虫化石，下部 Barnett 页岩，2 Sims，2 360 m；

（f）为 E 的正交偏光图像；

（g）在黏土和硅质基质中的微小莓球状黄铁矿，下部 Barnett 页岩，1 Blakely，2 184 m；

（h）由磷酸盐外壳包裹的颗粒、小球粒、内碎屑组成的薄层（5 mm），下部 Barnett 页岩，11 St. Clair，1 516 m；

（i）放大 H 由磷酸盐外壳包裹的颗粒

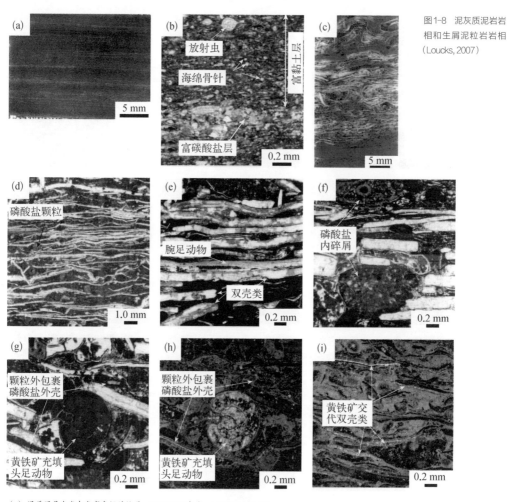

图1-8 泥灰质泥岩岩
相和生屑泥粒岩岩相
（Loucks,2007）

（a）泥质泥晶灰岩中发育完好的纹层，Forestburg灰岩，1 Blakely，2 176 m；

（b）在泥质泥晶灰岩中的富黏土层和贫黏土层纹层，Forestburg灰岩，1 Blakely，2 176 m；

（c）含磷质和泥质生物屑泥粒灰岩中压实的双壳层，Forestburg灰岩，1 Blakely，2 169 m；

（d）在含生物屑泥粒灰岩中强烈压实的双壳类和磷酸盐颗粒，下部Barnett页岩，2 Sims，2 349 m；

（e）在含生物屑泥粒灰岩中压实的双壳类和腕足类，正交偏光，1 Blakely，2 169.5 m；

（f）在含生物屑泥粒灰岩中的磷酸盐内碎屑，Forestburg灰岩，1 Blakely，2 169.2 m；

（g）在含生物屑泥粒灰岩中黄铁矿充填头足类和包裹磷酸盐外壳的颗粒，Forestburg灰岩，1 Blakely，2 169.2 m；

（h）为G的反光照片，突出黄铁矿；

（i）在含生物屑泥粒灰岩中黄铁矿交代双壳类，反光镜下突出黄铁矿，Forestburg灰岩，1 Blakely，2 169.5 m

2. 塔里木盆地寒武系—奥陶系页岩

　　塔里木盆地正常的陆棚环境主要分布在环满加尔拗陷(西侧和南侧)以及南天山洋南侧被动大陆边缘(图1-9、图1-10),时代为寒武纪—奥陶纪。据库南1井(4 836～

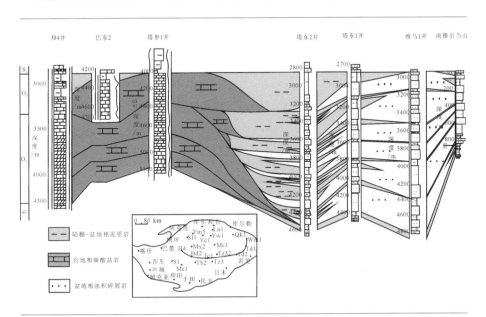

图1-9　塔里木盆地东西向奥陶系沉积环境对比剖面图(于炳松等,2008)

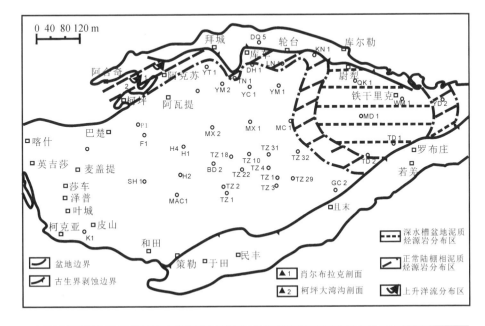

图1-10　塔里木盆地寒武纪—下奥陶统不同沉积背景泥质岩烃源岩的分布(于炳松等,2008)

5 506 m井段)和柯坪大湾沟剖面(其浪组)揭示,其岩相组成为泥质泥晶灰岩夹灰质泥岩、泥岩或薄层泥质泥晶灰岩与薄层灰质泥岩互层,代表一种典型的正常陆棚环境。

据库南1井中下寒武统(5 027～5 506 m井段)8个泥质岩样品的分析,有机质丰度TOC最高可达5.52%,有机质类型属Ⅰ型。库南1井上寒武统(4 836～5 037 m井段)泥质岩有机质丰度TOC最大值分别可达1.67%(4 836 m井段处)和2.3%(5 037 m井段处),有机质类型属Ⅰ型。库南1井下寒武统有机质成熟度R_o在1.91%～2.04%,上寒武统有机质成熟度R_o在1.88%～1.94%。

1.3　缺氧的分隔盆地

1.3.1　环境特点

所有的分隔盆地一般有多个地理屏障,限制了海水的混合和循环,使底部形成缺氧环境,水体存在分层现象。具有正向水平衡的盆地,表层注入的淡水与较深层的营养物质海水间盐度上存在明显差异,这些半封闭海盆通常有永久性和暂时性的缺氧条件且养分充足,保证了盆地具有良好的生物产率和有机质的大量保存,这种典型的缺氧分隔盆地一般存在于温带气候条件下,如黑海(Degens和Ross, 1974)(图1-11)、

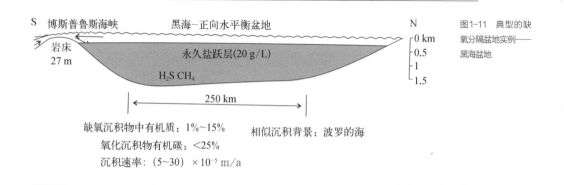

图1-11　典型的缺氧分隔盆地实例——黑海盆地

波罗的海（Grosshoff, 1975）等。而具有反向水平衡的盆地，一般发育于干热气候条件下，表现为浅层海水的不断流入以补偿强烈的蒸发作用，而高盐度水则下沉并以密度底流的形式流出盆地进入海洋中，因而造成盆地底部呈现氧化和养分缺失现象，这种类型的分隔盆地底部有机质富集程度低，如红海、地中海和波斯湾等。

1.3.2　页岩沉积特征

黑海盆地在2.2万年以前为淡水湖，大约1.1万年前由于气候变暖，冰川消退，地中海海水开始侵入黑海，7 000年前H_2S带开始形成，3 000年前基本上建立了现代格局。缺氧条件出现于7 000年以前，沉积物中最大有机碳含量在0.7% ～ 20%，7 000 ～ 3 000年前富有机碳地层厚度达40 cm，有机碳含量一般超过7%，沉积速率为1×10^{-4} m/a，3 000年-现代富有机碳地层厚30 cm，有机碳含量1% ～ 6%（图1-12），沉积速率为1×10^{-4} m/a。反映在特定的环境条件下，沉积速率与沉积物中的有机质丰度并非完全的正向对比关系，特别是在缺氧的条件下。

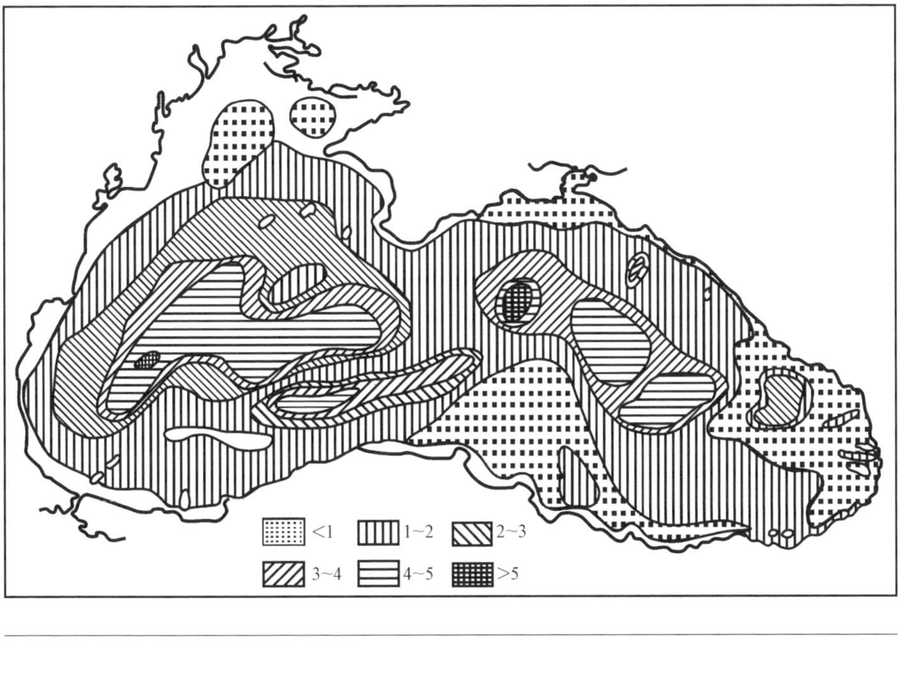

图1-12 黑海盆地沉积物中有机碳含量(%)分布

1.4 局限海湾环境

1.4.1 环境特点

海湾环境指海水三面与陆地相接,而一侧开口与大洋相通的地理环境,比较典型的现代海湾环境如波斯湾、孟加拉湾和我国的南海等。海湾体系靠陆地,营养丰富,海洋初级生产力高。海湾体系与大洋连通,易受上升流的影响。海湾体系容易闭塞,形成还原环境。因此,海湾环境可以说是大洋沉积环境的一个缩影,各种沉积相带齐全,生物发育,但其明显特点是水动力条件相对较弱,潮汐作用发育,大部分海湾环境存在水体流出和交换不畅的现象,相对来说具有较好的有机质形成和保存的大背景条件,特别是在其潮间带、潟湖及潮下深水环境中更具优越性。总之,在海湾环境中有利于海相富有机质页岩的形成和保存。

1.4.2 页岩沉积特征

我国古生界海相富有机质页岩沉积环境中,无论是在中国南方还是在塔里木地区,均存在多处局限海湾环境。

1. 中国南方下志留统龙马溪组页岩沉积特征

我国南方古生界海相烃源岩发育的有利相带分布都与古大洋有密切联系,多种沉积相组合成不同时期的多个海湾体系。早志留世秦岭洋的向南侵入,形成北部海湾体系(图1-13)。在海湾体系中,地形分异大,隆凹相间,有利于烃源岩的发育。

四川盆地是中国三大克拉通盆地之一。晚奥陶世,盆地受周边挤压作用,黔中古隆起及川中古隆起继续隆升,围限了上扬子海域,使其成为局限海盆(图1-14);到早志留世,为古隆起发育的高峰阶段,此时陆地边缘处于高度挤压状态,造山运动强烈,造成川中隆起的范围不断扩大,与黔中隆起、武陵隆起、雪峰隆起及苗岭隆起基本相

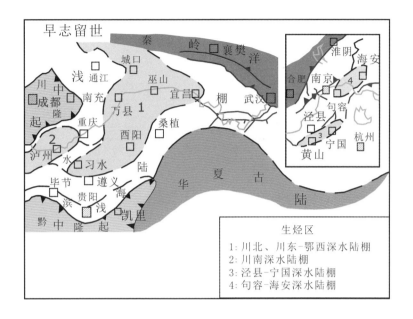

连，形成了滇黔桂最大的隆起带，使得四川盆地及其周缘沉积环境为由古隆起带包围的一个局限陆棚环境，岩相为页岩、碳质页岩相；隆起边缘主要发育潮坪-潟湖相，岩相多为粉砂质、砂质页岩相。

综合习水骑龙村、綦江观音桥、桐梓代家沟、秀山溶溪、城口观音堂等十几条上奥陶统五峰组-下志留统龙马溪组野外露头剖面，总结出研究区五峰组-龙马溪组共有5种主要岩性：黑色页岩、硅质岩、斑脱岩、粉砂岩及生物灰岩。其中黑色页岩中笔石化石丰富［图1-15（a）（c）］，多见于五峰组下段及龙马溪组下段；粉砂岩中也含有明显的笔石化石［图1-15（g）］，主要发育于龙马溪组上段；生物灰岩发育在五峰组上段的观音桥段［图1-15（d）］；斑脱岩［图1-15（e）］与硅质岩［图1-15（f）］主要发育在四川盆地北缘，如城口、镇巴地区。

1）五峰组黑色页岩段

岩性主要为黑色页岩，碳质、钙质含量较高，四川盆地北缘见斑脱岩［图1-15（e）］，笔石化石丰富，又可称为笔石页岩；有机碳丰度较高，TOC含量大于2%；水平纹层发育［图1-16（g）］，反映出该段沉积时水体比较安静；镜下可见到硅质放

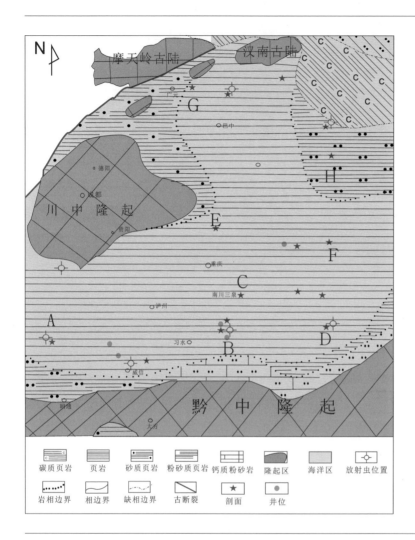

图1-14 四川盆地及其周缘晚奥陶世至早志留世古地理图(刘树根等,2013修编)

射虫[图1-16(c)(d)],在一定程度上表明沉积水体较深。

2)五峰组观音桥段

研究区五峰组上部的观音桥段普遍发育,厚度一般在0.3 m左右,在桐梓红花园附近最厚达6 m,TOC含量一般小于2%。岩性为生物灰岩[图1-15(d)],以腕足类占优势,有少量腹足类、双壳类和珊瑚等。綦江观音桥野外露头观测中见到很多双壳类化石,习水骑龙村剖面岩石样品在镜下也可看到很多介壳类、腕足类及海百合等生物,秀山溶溪剖面岩石样品在镜下还可见典型的浅水苔藓虫[图1-16(b)]。

图1-15 四川盆地及周缘五峰组、龙马溪组野外照片(刘树根等,2013)

（a）习水骑龙村剖面龙马溪组黑色页岩；

（b）石柱漆辽剖面龙马溪组黑色页岩中的结核；

（c）习水骑龙村剖面五峰组黑色页岩中的笔石化石；

（d）綦江观音桥剖面的观音桥段生物灰岩；

（e）城口明中剖面五峰组黑色硅质岩和灰白色的斑脱岩；

（f）南川三泉剖面龙马溪组砂岩和黑色页岩；

（g）彭水鹿角剖面龙马溪组灰黑色粉砂岩；

（h）习水骑龙村剖面龙马溪组灰黑色页岩与粉砂岩条带

3）龙马溪组下段黑色页岩段

岩性主要为黑色页岩［图1-15（a）］、黑灰色粉砂岩［图1-15（g）］，厚度一般在50 m左右，笔石化石丰富，有机碳丰度较高，TOC含量大于2%。页岩厚度较薄，多发育纹层，粉砂岩中平行层理发育［图1-16（a）］，常见黄铁矿结核，表明该期水体较深，处于缺氧还原环境。在五峰组和龙马溪组下段，在部分地区（如四川盆地北缘城口、镇巴，南缘的桐梓等）可见到二十多层的斑脱岩层。斑脱岩是一种黏土岩，成分极其复杂，主要由火山喷发所产生的凝灰物质经沉积成岩及蚀变作用后形成，含有明显的锆石等重矿物。野外露头上可以看到明显的水平层理［图1-15（e）］、黄铁矿结核，镜下也表现出明显的纹层特征［图1-16（g）］。

4）龙马溪组上段非黑色页岩段

岩性为粉砂岩、灰色薄层钙质页／泥岩夹钙质粉砂岩透镜体［图1-15（h）］，生物仍以笔石为主，有机碳丰度低，TOC含量一般小于1%。在粉砂岩中可见明显的钙质纹层［图1-16（e）］，还可见到明显的侵蚀构造［图1-16（f）］，具有明显的浅水沉积特征。

2. 塔里木盆地中上奥陶统页岩沉积特征

塔里木盆地局限海湾陆棚环境主要分布在阿瓦提—柯坪—阿克苏一带的南天山洋南侧被动陆缘（图1-17），当时的时代为中晚奥陶世。据柯坪大湾沟剖面揭示，其岩相组成为黑色页岩夹薄层泥晶灰岩或泥晶灰岩透镜体（图1-18）。黑色页岩中含大量草莓状黄铁矿结核，代表一种滞流缺氧的陆棚海湾环境。

柯坪大湾沟剖面2002年被确定为上奥陶统底界全球辅助层型剖面，其中萨尔干组地质时代为中奥陶世与晚奥陶世过渡阶段。柯坪地区奥陶系地层层序如图1-19所示，萨尔干组上覆地层为上奥陶统坎岭组瘤状灰岩和泥晶灰岩，下伏地层为大湾沟组瘤状灰岩和泥晶灰岩。

萨尔干组岩石类型有两类，一是黑色钙质页岩，多呈页片状，水平微细层理发育，显微镜下多见霉球状黄铁矿，普遍含笔石；二是黑色页岩中少量薄层状或透镜状灰岩和泥灰岩，部分含有宏观藻类。表1-1中的泥晶灰岩样品有机碳含量介于0.10%～0.39%，其余样品为黑色页岩，有机碳含量0.65%～2.83%，平均为1.63%（图1-20，表1-1）。柯坪大湾沟剖面萨尔干组厚13.4 m，其中黑色页岩累计厚度11.12 m，其余为薄层状或透镜状泥晶灰岩。其页岩中有机碳的含量与海平面的上升具有较好的对应关系（图1-20）。

图1-16 四川盆地及周缘
五峰组-龙马溪组薄片照片
(刘树根等,2013)

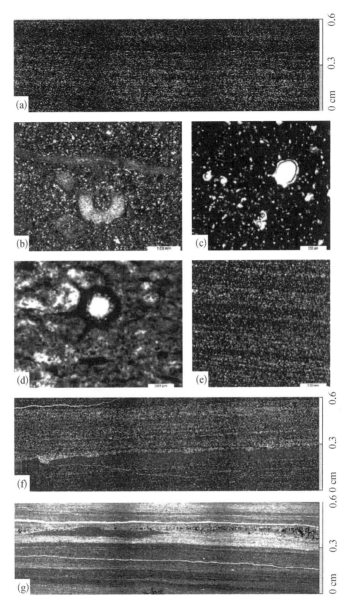

(a) 秀山溶溪剖面龙马溪组黑色页岩的水平层理;　　(b) 秀山溶溪剖面的观音桥段生物灰岩中的苔藓虫;

(c) 习水骑龙村剖面五峰组硅质放射虫;　　　　　　(d) 城口明中剖面五峰组硅质放射虫(见明显的黄铁矿化);

(e) 习水骑龙村剖面龙马溪组砂岩纹层;　　　　　　(f) 秀山溶溪剖面龙马溪组粉砂岩的侵蚀构造;

(g) 城口明中剖面五峰组斑脱岩的纹层; 图中均为单偏光

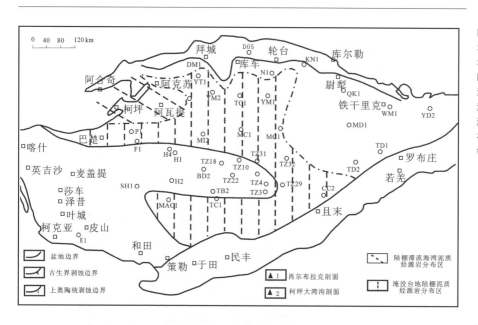

图 1-17
塔里木盆
地中上奥
陶统不同
沉积背景
泥质岩烃
源岩的分
布(于炳松
等,2008)

图 1-18 柯坪隆起
大湾沟剖面萨尔干
组黑色页岩露头

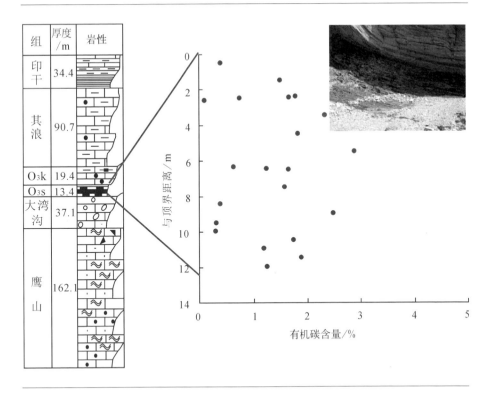

图1-19 柯坪地区奥陶系地层层序和萨尔干组黑色页岩有机碳含量(王飞宇等,2008)

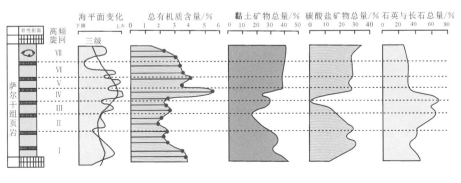

图1-20 柯坪大湾沟剖面萨尔干组页岩海平面变化、总有机质含量、黏土矿物总量、碳酸盐矿物总量、石英与长石总量的关系(高志勇等,2012)

样品号	距顶/m	有机碳含量/%	S_1/(mg/g)	S_2/(mg/g)	氢指数/(mg/g)	产率指数	最高温度/℃
1`	0.50	0.39	0.01	0.06	15.380	0.142	481
2	1.50	0.48	0.04	0.06	14.860	0.153	443

表1-1 柯坪大湾沟剖面萨尔干组样品岩石热解数据(王飞宇等,2008)

（续表）

样品号	距顶/m	有机碳含量/%	S_1/(mg/g)	S_2/(mg/g)	氢指数/(mg/g)	产率指数	最高温度/℃
3	2.40	1.77	0.02	0.21	11.860	0.086	445
4	2.45	1.65					
5	2.50	0.75	0.00	0.03	4.000	0.000	482
6*	2.60	0.10	0.00	0.01	10.000	0.000	535
7	3.50	2.30	0.03	0.25	10.600	0.170	438
8	4.50	1.81	0.03	0.22	12.150	0.120	444
9	5.50	2.83	0.08	0.34	12.010	0.190	442
10	6.40	0.65	0.06	0.07	10.760	0.461	456
11	6.45	1.24					
12	6.50	1.63	0.03	0.28	17.170	0.176	446
13	7.50	1.57	0.03	0.25	15.920	0.107	442
14*	8.50	0.38	0.06	0.29	76.310	0.171	453
15	9.00	2.44	0.03	0.28	11.470	0.096	444
16*	9.50	0.32	0.01	0.05	15.620	0.166	451
17*	10.00	0.31	0.01	0.05	16.120	0.166	452
18	10.50	1.72	0.00	0.10	5.813	0.000	442
19	11.00	1.18	0.01	0.11	9.322	0.083	443
20	11.50	1.87	0.01	0.14	7.486	0.066	447
21	12.00	1.24	0.02	0.13	10.480	0.133	454

*为泥灰岩样品。

第 2 章

陆相富有机质页岩

陆相富有机质页岩的形成与沉积时水体的氧化-还原程度密切相关。中国主要含油气盆地生油层中,陆相生油层主要沉积于弱还原和还原环境,而海相生油层则主要沉积于还原、强还原环境。

还原环境有利于有机质的保存和有机质向石油的转化。陆相富有机质页岩的沉积环境,为长期下沉并为较深水体所覆盖的湖盆,非补偿区是形成富有机质泥页岩的最佳位置,气候条件虽然不是最主要的,但温暖湿润的气候更有利于水体的长期保持与动植物的繁衍生长。沉积速率大,则快速堆积有利于有机质快速埋藏,避免沉积有机质氧化分解,大大增加了有机质保存成功的概率。

2.1　半深湖–深湖环境

2.1.1　环境特点

湖泊的水动力条件与海洋有相似之处。湖泊中有波浪和湖流作用,从湖岸到湖心,水动力强度逐渐减弱,相应地出现沉积物由粗到细的岩性岩相分带。湖盆越大,则与海盆相似性越大。但是,一般而言,湖泊的水体比海洋小得多,且无潮汐作用,波浪和湖流作用的强度也弱得多。

半深湖位于浪基面以下水体较深部位,为弱还原–还原环境,实际上是浅湖相带与深湖相带的过渡地带(图2-1)。沉积物主要受湖流作用影响,波浪作用已很难影响沉积物表面,特殊情况下可以遭受风暴流的影响。在平面分布上靠近湖泊最内部,在断陷湖盆中偏向靠近边界断层一侧。岩石类型以黏土岩为主,常具粉砂岩、化学岩的薄夹层或透镜体。黏土岩常为有机质丰富的暗色泥、页岩或粉砂质泥、页岩。水平层理发育,间有细波状层理。化石较丰富,以浮游生物为主,保存较好,底栖生物不发育,可见菱铁矿和黄铁矿等自生矿物。

深湖位于浪基面以下未受湖浪和湖流搅动的安静水区,为湖盆中水体最深部位,多分布在断陷湖盆中偏向靠近边界断层的深陷区,为缺氧还原环境,底栖生物缺乏,浮游和游泳生物数量较多且保存完好,但种属单调且个体较小。岩性的总特征是粒度细、颜色深、有机质含量高。岩石类型以质纯的泥岩、页岩为主,并可发育灰岩、泥灰岩和油页岩。层理发育,主要为水平层理和细水平纹层。黄铁矿是常见的自生矿物,多呈分散状分布于黏土岩中。岩性横向分布稳定,沉积厚度大,是最有利的生油相带(图2-2)。

图2-1　湖泊亚相划分示意图
横剖面图(于兴和,2002)

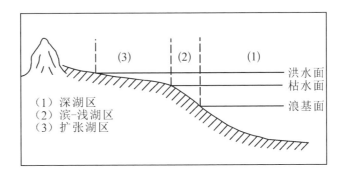

图2-2　理想湖泊相模式(于兴和,2002)

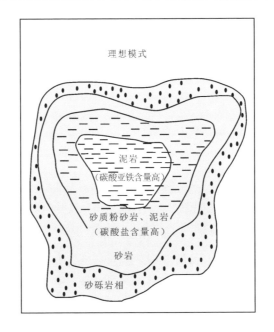

碎屑湖泊相常具有油气生成和储集的良好条件,目前我国发现的大多数油气田都分布在碎屑湖泊相沉积中。就生油条件而论,深湖和半深湖亚相水体处于还原或弱还原环境,适于有机质的保存,是良好的生油岩沉积环境。在这种环境中形成的暗色黏土岩可以成为良好的生油岩,如我国的松辽盆地、渤海湾盆地和苏北盆地的生油岩系就分别是白垩系和古近系半深湖亚相的暗色泥岩,其厚度可达千米以上。从湖泊的发育和演化来看,湖泊裂陷扩张期,湖盆大幅度持续稳定下沉,有利于深湖亚相的发育,即有利于以黏土岩为主的生油岩系及盖层的形成。

2.1.2   页岩沉积特征

我国湖相页岩主要分布在中新生代陆相沉积盆地中,如四川、鄂尔多斯盆地三叠系,松辽盆地白垩系,渤海湾盆地古近系等,既发育湖相富有机质黑色页岩,也发育湖沼相富有机质黑色页岩,厚度一般为200～2 500 m,有机碳含量为2%～3%,最高可达7%～8%。

1. 松辽盆地湖相页岩沉积特征

松辽盆地是中国大中型含油气盆地之一,广泛分布湖相中厚层富含有机质页岩。湖相富有机质页岩主要形成于古生代晚期二叠纪、中生代和新生代早期。松辽盆地发育中生代白垩纪湖相富有机质页岩,赋存于下白垩统青山口组、嫩江组、沙河子组和营城组页岩中,且全盆地广泛分布。

松辽盆地位于中国东北部,横跨吉林、辽宁和黑龙江三省,是中国大型中、新生代陆相含油气盆地,是中国陆相油气资源最丰富的盆地之一。以嫩江、松花江和拉林江为界,将盆地分为南北两部分。松辽盆地构造位置处于天山－兴安褶皱带的东部,为西伯利亚板块和中朝板块间的古亚洲洋消亡闭合过程中形成的,且盆地属于下断陷上拗陷的复合构造叠合样式。下部断陷盆地富含天然气,上部拗陷盆地聚集石油。松辽盆地主要发育中、新生代地层,由老到新地层依次为侏罗系火石林组,白垩系沙河子组、营城组、登楼库组、泉头组、青山口组、姚家组、嫩江组、四方台组、明水组,新近系大安组、泰康组及第四系,其中下白垩统沙河子组、营城组、青山口组和嫩江组具生油气潜力,以青山口组最佳(图2-3)。

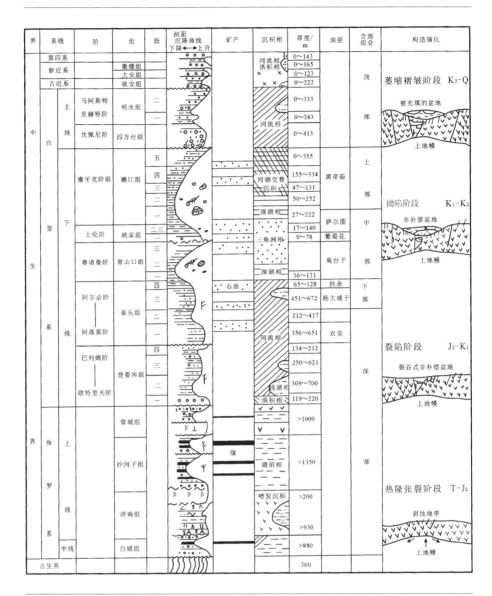

图2-3 松辽盆地综合剖面图（王衡鉴等，1993）

吉林省松辽盆地白垩统青山口组油页岩，发育在盆地拗陷期。油页岩是盆地两次最大湖泛期的产物，属腐泥型和腐殖-腐泥型。盆地内油页岩属于典型的深湖相沉积（图2-4、图2-5）。

青山口期地层自下而上分布如下。

底部: 灰绿色泥岩、粉砂质泥岩夹粉砂岩。发育有水平层理、交错层理,小冲刷面等沉积构造,岩石中含少量介形虫、叶肢介和鱼骨化石碎片,且多见星点浸染状或结核状黄铁矿集合体,属于浅湖环境沉积。

下部: 油页岩、黑色页岩夹薄层泥灰岩和介壳层。主要发育水平层理,偶见透镜

图2-4 青山口期沉积环境(牛继辉等,2012)

相序图	沉积构造	生物化石	沉积相
			深湖-半深湖
			深湖相
			浅湖相

(a)青山口期相序图

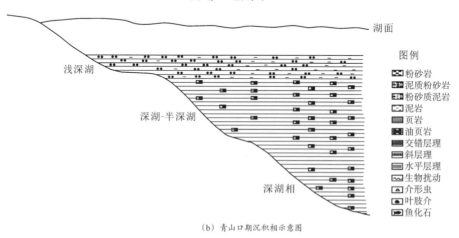

湖面

浅深湖

深湖-半深湖

深湖相

图例

▨ 粉砂岩
▦ 泥质粉砂岩
▤ 粉砂质泥岩
▱ 泥岩
☰ 页岩
▨ 油页岩
▬ 交错层理
▤ 斜层理
☰ 水平层理
〜 生物扰动
⌓ 介形虫
◓ 叶肢介
▣ 鱼化石

(b)青山口期沉积相示意图

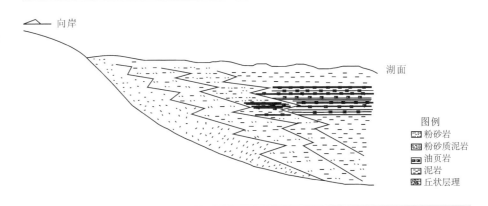

图2-5 青山口
湖沉积模式(牛继辉等,2012)

状层理,含有介形虫、鱼骨碎片和少量叶肢介化石,属深湖环境沉积。

中上部分为黑色泥岩、灰绿色泥岩、粉砂质泥岩,夹少量薄层粉砂岩和油页岩。具水平层理、透镜状层理、重力滑动构造、泄水构造、生物扰动构造等,属于深湖-半深湖环境的沉积。

在松辽盆地实施的"松科1井"工程不仅是973计划的重要组成部分,也是国际大陆科学钻探计划(ICDP)框架下,第一口陆相白垩系科学探井(图2-6)。"松科1井"被创新性地设计成"一井双孔",南孔构造位置处于松辽盆地中央拗陷区古龙凹陷敖南鼻状构造上,钻遇第四系、渐新统泰康组、上白垩统明水组、四方台组、嫩江组、姚家组、青山口组、下白垩统泉头组,取心层位为嫩江组二段底部至泉头组三段顶部,其中青山口组岩心长约480 m(1 298.05 ~ 1 782.93 m深)。

基于岩心描述,对松辽盆地"松科1井"南孔青山口组划分了6种岩相(顾健等,2010):灰色水平层理泥岩相(FHG)、黑色水平层理泥岩相(FHBL)、橄榄色块状层理灰泥岩相(PMO)、绿色块状层理泥岩相(FMG)、绿色水平层理泥岩相(FHG)、棕色块状层理泥岩相(FMB)。根据岩相在垂向上的变化与组合,将青山口组岩心划分为6个层段(图2-7)。其沉积环境属于浅湖-半深湖。

2. 渤海湾盆地湖相页岩沉积特征

古近纪湖相页岩在渤海湾盆地广泛发育,以沙河街组一段(E_3s^1)、三段(E_3s^3)和四段(E_3s^4)为主,分布于渤海湾盆地各凹陷中,黄骅拗陷和济阳拗陷还存在孔店组页岩(E_3k)。

黄河口凹陷位于渤海湾盆地渤中拗陷的南部,北部为渤南凸起,东部为庙西凹

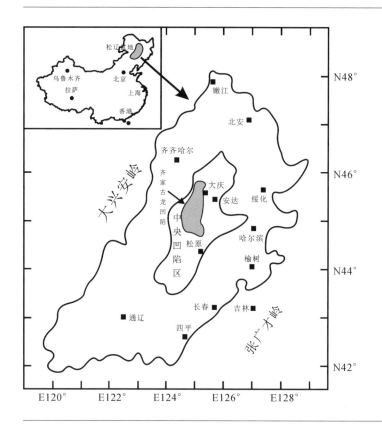

图2-6 松辽盆地地理位置及"松科1井"南孔井位图(顾健等,2010)

陷,东南部为莱北低凸起,南部为垦东-青沱子凸起,西部为埕北凸起(图2-8)。作为渤海湾盆地的组成部分,黄河口凹陷在构造演化上具有典型的断-拗叠置特征,即凹陷自新生代以来的构造演化,可划分为古近纪裂陷期形成的半地堑和新近纪裂后期形成的拗陷,两者之间为区域性不整合。沙三段、沙一至二段和东三段的烃源岩形成于古近纪裂陷期的半深湖-深湖环境中。

从黄河口凹陷沙河街组三段、沙一至二段和东营组三段3套烃源岩的有机质类型指标来看,3套烃源岩的有机质主要来自湖相水生生物,沉积环境为微咸水-淡水还原的湖相沉积环境,有机质类型以Ⅱ型为主,少量为Ⅲ型。

沙三段沉积时期,以深湖-半深湖相沉积为主。Pr/Ph值在1.45～3.21,平均为1.93,水体表现为微咸水还原环境,湖盆内藻类十分发育,沉积了一套有机质丰度很高的湖相烃源岩。有机质类型以Ⅱ_A型和Ⅱ_B型为主,少量为Ⅲ型。

图2-7 松辽盆地"松科1井"
南孔青山口组岩相特征图(顾
健等,2010)

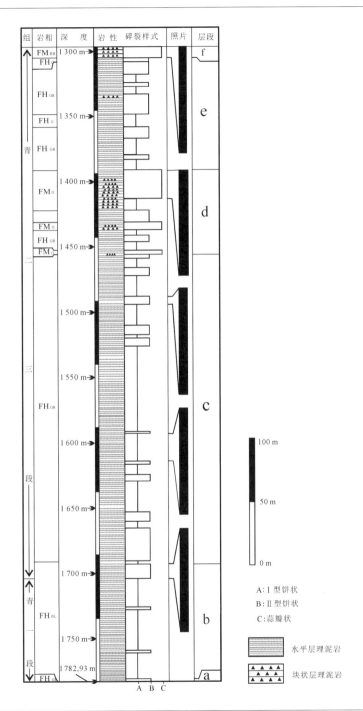

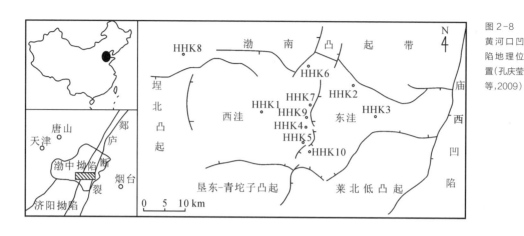

图 2-8
黄河口凹
陷地理位
置(孔庆莹
等,2009)

沙一至二段沉积时期,湖水变浅,以滨浅湖相沉积为主,局部发育台地碳酸盐岩。Pr/Ph值在0.96～1.88,平均为1.40,水体表现为微咸水还原环境,但与沙三段相比水体有所咸化,沙一至二时期湖盆内水生生物十分繁盛,在湖盆内沉积了一套优质油页岩。有机质类型主要以 II_A 和 II_B 型为主,少量为 III 型。

东三段沉积时期,湖水面积扩大,以半深湖-深湖相沉积为主。Pr/Ph值在2.20～4.37,平均值为2.91,水体表现为淡水弱氧化-弱还原环境。此时期水生低等生物十分繁盛,沉积了有机质丰度较高的湖相烃源岩,有机质类型主要为 II_A 型和 II_B 型。

2.2 盐湖环境

中国是盐湖众多的国家。据不完全统计,约有盐湖1 000多个,面积50 000多平方千米。中国的盐湖一般都比较浅,绝大多数的水深在0.3～2 m。盐湖主要分布在我国的北部,大致在冈底斯山、念青唐古拉山、秦岭、吕梁山及大兴安岭以北的广大地区,称为中国盐湖带(图2-9)。

图2-9 中国盐
湖类型分带(陈克
造等,1992)

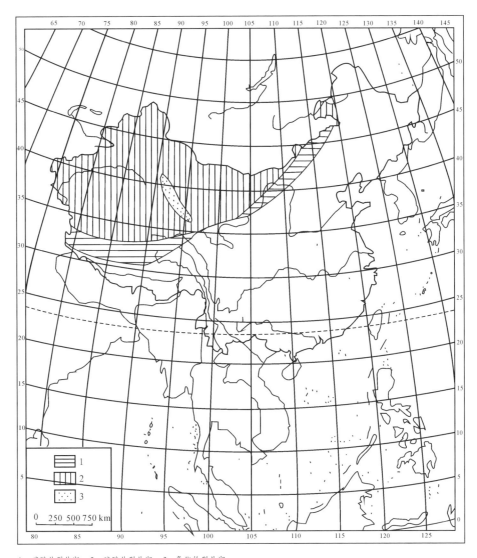

1—碳酸盐型盐湖; 2—硫酸盐型盐湖; 3—氯化物型盐湖

2.2.1　　　　环境特点

　　盐湖是以沉积蒸发盐矿物为主的湖泊,并以硫酸盐和氯化物盐类矿物为特色。

在干旱气候下,当湖水蒸发量大于湖区降雨量,四周地表径流和地下水输入量较小时,湖水逐渐浓缩,盐度增高,就会由淡水湖变为内陆盐湖(图2-10)。沉积物以盐类矿物为主,可形成各种蒸发岩。

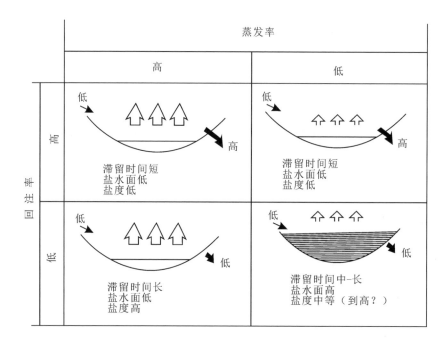

图2-10 封闭盐湖蒸发模式图(Alan C.Kendall, 1992)

青海湖是中国内陆干燥气候条件下发育的最大高原微咸水湖泊,位于中国西北部青藏高原的东北缘,青海省境内。湖区被大通山、日月山和青海南山所环绕,属于典型的山间断陷型湖盆,其陆源碎屑沉积类型丰富多样且较为典型,是研究现代湖泊沉积的良好场所。

研究表明青海湖与中国东部第三系和西部中、新生代断陷型含油气盆地较为相似,对于认识地史时期的古湖盆具有借鉴和指导作用。

青海湖目前处于萎缩阶段,潟湖较为发育,主要分布于湖东缘滨湖地带。尕海和新尕海为两个封闭潟湖,进一步咸化。海晏湾潟湖处于半封闭状态,潟湖和广湖之间有一通道相连,使之可与广湖进行水质交换(图2-11)。

图2-11 青海湖
冗积体系展布图
（王新民等，1997）

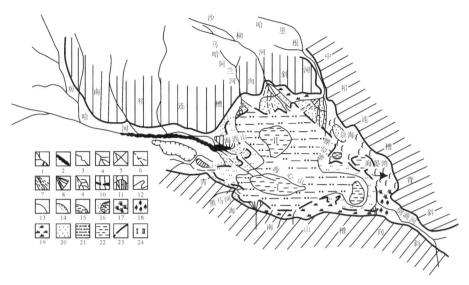

1—山间河道；2—辫状河；3—曲流河；4—分流河道；5—水下河；6—废弃河道；7—冲积扇相；8—扇三角洲；9—三角洲相；10—风成沙堆积相；11—潟湖相；12—沙嘴沉积；13—沙滩沉积；14—砾石滩沉积；15—泥滩沉积；16—湖湾相；17—沼泽相；18—盐碱滩；19—冲积平原；20—浅湖相；21—半深湖相；22—深湖相；23—湖岸线；24—拗陷区

2.2.2 页岩沉积特征

盐湖沉积通常均有明显的阶段性：当盐度较低时，沉积的主要是碳酸盐岩，常为泥灰岩、石灰岩、粉砂质石灰岩或白云岩，有的盐湖还有鲕粒灰岩和骨粒灰岩及内碎屑粒灰岩等。当盐度增高时，沉积石膏、硬石膏、芒硝等硫酸盐矿物；当盐度更高时，最后可沉积岩盐、钾石盐和光卤石等卤化物。盐湖中这三个阶段的沉积可因构造下陷和气候的周期性变化而交替出现，形成多旋回的盐湖沉积。有的盐湖沉积中，碎屑沉积物较多，碳酸盐沉积较少，其沉积物主要由红色粉砂岩、红色砂质泥岩、泥质灰岩和各种蒸发岩组成。

我国西藏、青海、新疆、内蒙古等地区有许多巨大的现代盐湖沉积，在华东和湖南、云南等地的中新生代的地层中，则有很多盐湖相的沉积，可形成非常厚的含石膏和岩盐的红色地层。

1. 柴达木盆地古近系-新近系盐湖沉积

柴达木盆地位于青藏高原北缘青海省境内,其大地构造位置处于古亚洲构造域南缘,四周被祁连、昆仑和阿尔金等褶皱山系和深大断裂所围限,是中国西部一个重要的中新生代含油气盆地。柴达木盆地为干旱气候条件下形成的封闭盐湖盆地(图2-12)。

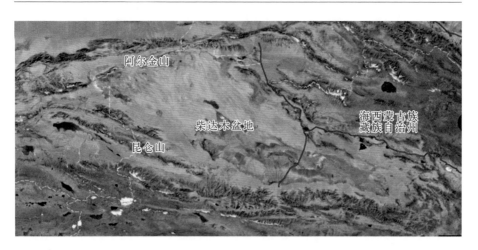

图2-12 柴达木盆地区带划分图

柴达木盆地柴西地区古近系-新近系湖盆演化具有特殊性和复杂性,主要表现在以下三方面:① 受阿尔金断裂走滑和昆仑山隆升影响,湖盆沉积中心不断向北、向东迁移;② 盆地边界构造活跃,山前带沉降差异大,沉积相横向变化快;③ 缺乏长期稳定发育的水系,边缘碎屑岩相带窄,盐湖处于饥饿-欠补偿状态。

柴达木盆地古近系-新近系形成盐湖沉积,在下干柴沟组E_3^1、上干柴沟组E_3^2和油砂山组N_1形成了大量的蒸发岩类岩盐、石膏、芒硝和碳酸盐岩沉积(图2-13)。

岩心和露头观察结果表明,柴达木盆地西部(以下简称柴西)地区下干柴沟组和上干柴沟组在沉积盆地边缘地带主要为红色、棕红色砂泥岩和砾岩,在沉积中心部位(如狮子沟附近)主要为深灰色、黑色含石膏或岩盐的泥页岩,并且与较厚的岩盐层、薄层石膏、芒硝等蒸发盐类矿床呈互层产出,这里的泥页岩钙质含量不超过30%,有时夹粉砂质浊积岩。它们之间主要为灰色、深灰色钙质含量很高的泥页岩(钙质泥岩或泥灰岩)和薄层砂岩,泥岩中也含大量石膏和芒硝等矿物,在靠近沉积中心的地方石膏层和岩盐比较发育。总体来讲,研究区泥页岩的钙质含量高(一般为

15%～55%),与膏盐岩呈相变关系,均为蒸发环境的产物。

图2-13 柴达木盆地古近系-新近系地层单元划分

地层单元			
系统		组(地质年代/Ma)	
新近系	更新统	狮子沟组	14.5
	中新统	上油砂山组	
		上干柴沟组	23.8
	中新统	上干柴沟组	
			29.3
古近系	渐新统	下干柴沟组 上段	35.8
		下段	
			54.9
	始新统古新统	路乐河组	

根据上百口井资料作出的钙质泥岩及泥灰岩等厚图、含石膏与芒硝泥页岩及石膏层等厚图、含石盐泥页岩及岩盐层等厚图(图2-14)表明,柴达木盆地西部第三系蒸发环境中盐类沉积具有环状分布:沉积中心(狮子沟至茫崖一带)以氯化盐为主,

图2-14 柴达木盆地西部第三系下干柴沟组上段蒸发岩分布及其等厚线图(金强等,2000)

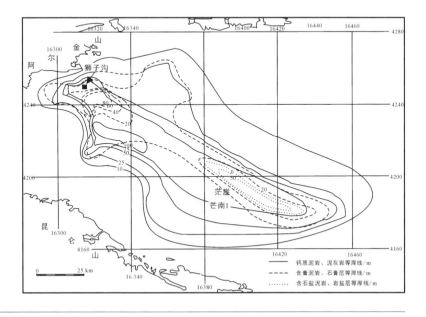

硫酸盐分布区环绕着氯化盐沉积区，最外圈为碳酸盐沉积区；其中碳酸盐沉积区面积最大，该区之外基本为第三纪冲积-河流-三角洲等边缘沉积。从早第三纪的下干柴沟组至晚第三纪的上干柴沟组、油砂山组，除蒸发盐总的分布范围、沉积中心有所变化外，每一地层单元内不同盐类的环状分布结构是一样的。而且，沉积相标志、沉积地球化学等分析也已证实，氯化盐与黑色深灰色泥页岩共同沉积在深水区，碳酸盐（即钙质泥岩、泥灰岩）分布在浅水区，硫酸盐及其含膏泥页岩分布在半深水区。据此，对柴西第三纪盐湖相提出了一个"大咸盆套小盐湖"的沉积模式（图2-15）。"大咸盆"是指广而浅的、咸-半咸水的碳酸盐沉积区，"小盐湖"是指水体较深、范围较小的、高盐度的硫酸盐和氯化盐沉积区。

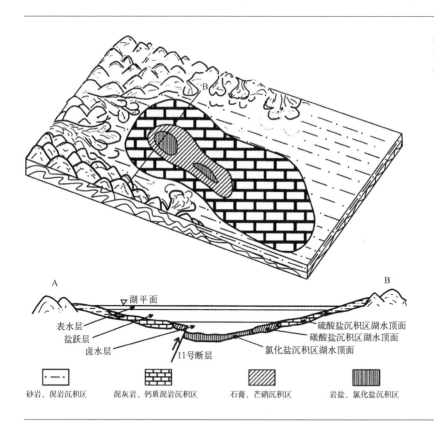

图2-15 柴达木盆地西部早第三纪蒸发岩沉积模式（金强等，2000）

泥页岩有机质丰度取决于它的沉积环境。膏盐发育区为较深水-深水环境，水体靠盐度形成永久性分层，其下部为强还原条件，沉积有机质可得以有效保存，因此该区的泥页岩有机质丰度高、类型好,基本为优质生油岩(图2-16)。泥灰岩和钙质泥岩发育区分布很广,但是它们为浅水沉积,水体底部、沉积物上部处于弱氧化-弱还原条件,沉积有机质受分解作用强烈,所以保留在泥页岩中的有机质丰度类型差。

图2-16 柴达木盆地西部第三纪盐湖相有机质沉积条件分析图(金强等,2000)

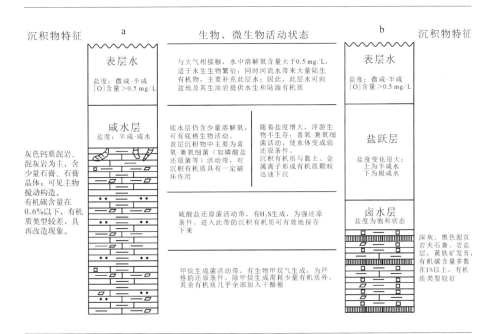

2.3 内陆沼泽环境

2.3.1 环境特点

在内陆气候温暖潮湿的低洼地带,很容易形成沼泽,很多沼泽是湖泊或潟湖发展末期的产物。沼泽环境的特点是地势低、水浅,水体几乎呈停滞状态,植物生长非常繁盛。

2.3.2 页岩沉积特征

沼泽沉积的特点是以泥岩为主(常为黑色页岩和碳质页岩),通常无砾石、砂等碎屑物质。常有泥炭和煤沉积,有大量的植物化石。由于水体停滞,故岩石中无水流作用形成的沉积构造,多呈块状或只有不太清晰的水平层理。沼泽沉积一般厚度不大,分布范围较小,多与湖相、河流相沉积共生(于炳松等,2012)。

沼泽环境的沉积物主要是黏土、富含有机质的淤泥粉砂质沉积。由于在还原条件下,沉积物中的氧化铁在微生物作用下发生去氧化作用,变成亚铁化合物,故沉积物呈现蓝灰色。由于积水很浅,且草类植物茂盛,所以一部分游离氧可沿植物根系进入沉积物中,部分亚铁化合物又被氧化成三价铁,因此在沉积物内根系周围形成黄褐色的锈纹、锈斑,但有些粉砂质的沼泽沉积物,因透水较快,沉积物的颜色呈棕灰色,沼泽中一般含有大量的植物枝干和根须化石,有大量泥炭和腐泥沉积,常有菱铁矿、黄铁矿结核或呈细晶分散状态分布。下面以阜新盆地王营矿区煤系沉积环境及聚煤特征为例介绍其沉积特征。

阜新盆地为北北东向展布的早白垩世裂陷盆地,以往对该盆地煤田地质的研究较多。王营矿区位于阜新盆地的中段偏北部,面积约 $10~\text{km}^2$,矿区发育下白垩统沙海组、阜新组和孙家湾组,其中,阜新组为含煤地层(图2-17)。

阜新组自下而上分为高德段、太平下段、太平上段、中间段、孙家湾段和水泉段。

高德段厚度为 $5 \sim 80~\text{m}$。除东南缘发育砾岩、砂岩外,矿区内该段下部主要为灰绿-深灰色泥岩、砂质泥岩;中部主体为浅灰色砂岩、砾岩夹灰色粉砂岩、泥岩及煤层或煤线;上部为煤层夹泥岩、粉砂岩。

除矿区东南缘仍为砾岩和砂岩外,太平下段、太平上段、中间段、孙家湾段及水泉段构成了含煤旋回沉积序列,总厚度约 $200 \sim 500~\text{m}$。作为含煤旋回沉积单元的各段岩性构成具相似性,下部以中、粗砂岩为主,部分地段发育砾岩;中部为浅灰色中砂岩、细砂岩、粉砂岩夹深灰色泥岩;上部或顶部为煤层夹炭质泥岩、深灰色泥岩。

沼泽相由阜新组各段上部或顶部煤层及泥岩、炭质泥岩、粉砂岩构成。这里的沼泽相是伴随湖泊、河流沉积的消亡及冲积扇退积而大面积泥炭沼泽化的产物,因而有别于高德段沉积期湖滨和其他各段沉积期网结河湿地中局部地段形成的不稳定薄煤层或煤线的沼泽亚相或微相。

　　阜新组高德段沉积晚期,由于湖泊不断淤浅和东南部扇三角洲退积而大面积泥炭沼泽化形成高德段煤层。高德煤层之上各段的沉积晚期,伴随着冲积扇周期性退积和扇前网结河的同步消亡而演化为大面积泥炭沼泽,形成了太下段、太上段、中间段、孙家湾段、水泉段的上部或顶部煤层。

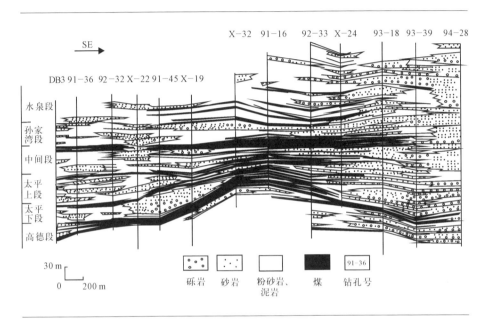

图2-17　王营
广区煤系沉积断
面图(仲米山等,
2011)

海陆过渡相富有机质页岩

海陆过渡环境主要位于滨岸、潮坪、潟湖、三角洲等陆地与海洋相连接的地区。这些海陆过渡地区是富有机质页岩发育的重要地区之一，且常与聚煤沼泽共生。我国的许多大中型煤型油气田的沉积环境，就发育在这些海陆过渡环境中。我国古生界石炭–二叠系含煤岩系烃源岩类型以煤、碳质泥岩和暗色泥岩为主，部分还发育泥灰岩和灰岩，煤及碳质泥岩多发育在泥炭沼泽相中（尚冠雄，1997）；暗色泥岩则多形成于滨岸、潟湖或三角洲前缘相中；泥灰岩和灰岩则多形成于滨海环境中；它们的生物来源主要是高等植物。

海陆过渡相煤系地层常发育多套与煤层相伴生的碳质页岩。富有机质碳质页岩一般出现在煤层的顶、底板或夹层中，以海陆过渡相中的沼泽沉积环境为主。如中国南方地区的二叠系龙潭组碳质页岩分布面积约 $53 \times 10^4 \ km^2$，厚 $20 \sim 300 \ m$，有机碳含量为 $2.45\% \sim 22\%$（邹才能等，2013）。

3.1　海岸沼泽环境

3.1.1　环境特点

海岸（红树林）沼泽位于潮间坪和潮上坪，生长着特殊的适盐性红树林群落。红树林海岸是发育红树林沼泽的特殊海岸类型。红树林潮坪是一种重要的成碳环境。

红树林是热带、亚热带海岸特有的潮汐适应性植物群落。全世界的红树林潮坪大致分布在南、北回归线之间的范围内，有两个分布中心：一个在西方，主要分布在热带、亚热带美洲东西沿岸及西印度群岛，并可达佛罗里达半岛，南至巴西，经大西洋至非洲西岸；另一个在东方，以印尼的苏门答腊和马来半岛西岸为中心，较之前者分布更广，红树林种类更丰富。

我国的红树林潮坪发育在海南、广东、广西、福建和台湾的部分海岸，其中海南岛红树林潮坪分布最广、红树林植物种类最丰富且生长较茂盛。

海南岛红树林潮坪的微环境从海向陆依次可划分为潮下带、潮间坪和潮上坪。潮间坪还可进一步划分为低潮坪、中潮坪和高潮坪。海南岛红树林带主要发育在潮间坪；潟湖封闭性较强，波浪作用很弱，正常浪基面与大潮低潮线距离很近，潮下带范围很窄；潮上坪受地形影响，一般坡度比较大，延伸范围有限。

海南岛红树林潮坪微环境综合划分为四个部分：潮下带、无红树林潮间坪、红树林潮间坪和半红树林潮上坪（图3-1）。

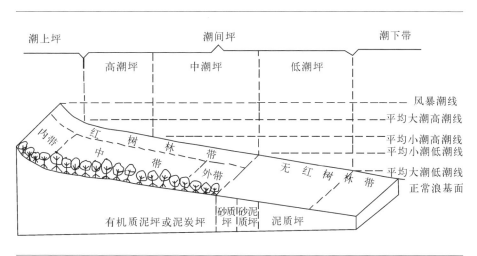

图3-1 红树林潮坪相带划分及其相关关系示意图（刘焕杰等，1997）

1. 潮下带

与一般陆源碎屑潮坪相似，其特征主要受潟湖开放性的影响，与红树林发育的关系不明显。沉积物粒度细，为粉砂-细砂，局部富含泥质，表面发育小型浪成波痕。

2. 无红树林潮间坪

位于潮间坪的下部（低潮坪），大部分时间覆水，尽管无红树林植物生长，但其发育特征已明显受到红树林的影响。其宽度一般为500～1 000 m。沉积物主要为泥质粉砂或粉砂质泥，近红树林带发育粉砂质和砂质带状沉积。底栖生物及生物扰动构造极其发育，这与红树林丰富的食物供给有关，同时孔隙水的pH、Eh值接近于潟湖水。由于生物扰动强烈，沉积物表面凹凸不平，并广布生物粪粒球。

3. 红树林潮间坪

位于潮间坪的中上部（中潮坪、高潮坪），大部分时间暴露在水面以上，前缘最大深度为2 m左右,红树林是影响环境特征的主要因素。其宽度一般为500～1 000 m。沉积物以泥质为主,含粉砂和有机质,有时富含有机质;发育网状潮道系统,相当部分潮汐沉积物为泥质,部分潮道沉积物为砂质。底栖生物和生物扰动构造在红树林前缘或潮道附近发育,底栖生物种类、数量相对较多;由边缘向红树林内部,底栖生物种类锐减,主要是由于停滞、酸性和缺氧的水介质条件的影响。红树林前缘或潮道两侧,红树植物种类单调;越向林内,红树植物种类越多,林相变得致密。

4. 半红树林潮上坪

与滨海平原相接,覆水时间很短,多在风暴潮时。受地形影响,其宽度一般不超过50 m。沉积物为泥质或改造后的沙砾质冲积物和滩相残积物,有机质含量常比较低,局部富含有机质,表面可见到生物爬痕和足迹。底栖生物及生物扰动构造比较发育。

红树林泥炭是泥炭坪的沉积产物,以植物有机质侵入堆积为主,有机质的累积是通过潮汐植物的高生产力、高归还率和高分解速率来实现的,早期泥炭化作用的厌氧细菌更为重要。泥炭化作用可划分为生物化学氧化、生物化学还原两个阶段。生物化学氧化阶段腐殖酸主要来自木质素,生物化学还原阶段腐殖酸的生成主要与纤维素、蛋白质等降解有关。

3.1.2 页岩沉积特征

近海沼泽相,高水位时发育障壁近海潟湖,低水位时发育沼泽,两种环境频繁交替,煤、碳质泥岩和泥岩交替。这种环境基本脱离海的影响,只在个别海泛层中见海相生物化石,而陆源生物的输入明显增多。近海湖盆以线叶植物微相为主。沼泽是由湖盆内部水体循环、大量生物残屑层堆积成为正地形演变而成的,与高等植物生长形成的沼泽不同,只见少量高等植物残片。上扬子南区龙潭组发育有近海湖盆-沼泽相烃源岩。近海湖盆-沼泽相烃源岩典型相剖面——黔西北习水良村浅3井剖面含7层煤,与碳质泥岩、泥岩频繁互层(图3-2)。海相化石仅见于石灰岩夹层中。近海湖盆相泥岩以线叶植物为主,TOC含量变化很大,平均为4.4%;沼泽相碳质泥岩和煤TOC含量高达10%～60%(梁狄刚等,2009)。

图3-2 近海湖
盆-沼泽相烃源岩
典型相剖面——
岭西北习水良村
戈3井龙潭组（梁
火刚等,2009）

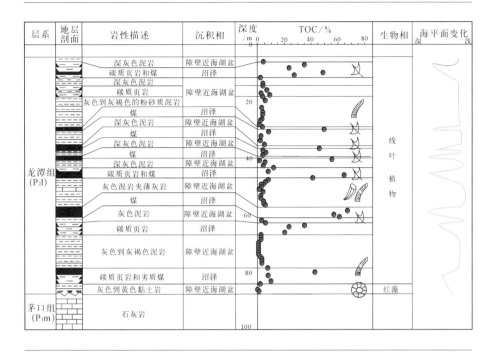

3.2 三角洲沼泽环境

3.2.1 环境特点

　　三角洲主要有三种类型,分别是以河流搬运为主的三角洲、以海浪搬运为主的三角洲和以潮汐搬运为主的三角洲。其中在海浪活动较强的环境中,河流输入的泥沙很快就被海浪作用再分配,因此,只有在主流河口附近,才有较多的砂质沉积,形成突出的河口,形似鸟嘴。由于岸流和波浪的再改造,在河口两侧形成一系列沙堤,平行海岸分布,堤岛后为半封闭的潟湖、湖泊和边缘沼泽（图3-3）。

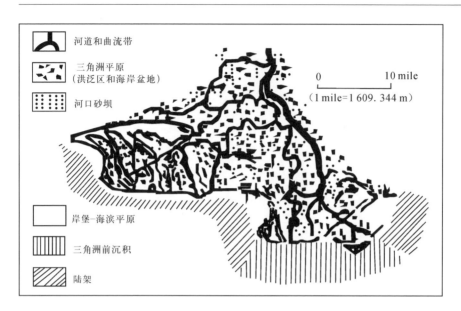

图3-3 现代尼罗河三角洲上以海浪搬运为主的三角洲（费希尔等，1969）

以海浪搬运为主的三角洲是一个粒度向上变粗的序列,其底部是富含有机质的三角洲前沉积,但是由于沉积物主要是重叠的沙堤组成,所以它没有以河流搬运为主的三角洲沉积中出现那么频繁的代表分流推进或"八字形决口扇"的颗粒向上变粗的小旋回,而三角洲沼泽沉积则较发育（于炳松等,2012）。

沼泽微相位于三角洲平原,分布较广。这种沼泽的表面接近于平均高潮面,是一个周期性被水淹没的低洼地区;其水体性质主要为淡水或半咸水。这种沼泽中植物繁茂,为一停滞的弱还原或还原环境。其岩性主要为暗色有机质泥岩、泥炭或褐煤沉积（图3-4）。

3.2.2 页岩沉积特征

三角洲沼泽微相岩性主要为深灰色泥岩、泥炭等,发育水平层理和透镜状层理。该沉积相处于贫-厌氧环境,是重要的成煤环境。下面以黔西、川南、滇东晚二叠世含

图3-4 以海浪搬运为主的三角
洲沉积模式（米阿尔，1979）

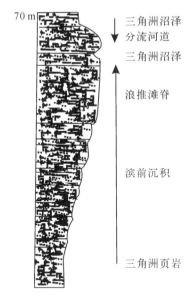

70 m
三角洲沼泽
分流河道
三角洲沼泽

浪推滩脊

滨前沉积

三角洲页岩

图中小箭头代表一个分流推进沉积的小旋回，箭头方向表示颗粒由细变粗。

煤地层沉积环境与聚煤规律为例进行介绍。

　　黔西、川南、滇东晚二叠世聚煤盆地坐落在扬子陆块的西段。黔西、川南、滇东聚煤盆地大致以黔北-川南隆起为界，北部以大面积缓慢的地壳差异沉降为主，断裂构造较少，基底地形平缓，河流不发育，陆源物质供给少，沉积物粒度细，过渡相区海相层占的比例较大，煤层层数较少，但层位及厚度的稳定性较好，主要反映整体性海平面升降造成的沉积旋回结构特征。南部断块活动较强，古陆剥蚀区地势较高，冲积扇与河流发育，陆源物质补给充分，地层厚度大，煤层层数多，较难对比。在海陆过渡沉积区内，水城-紫云断裂与盘县断裂之间形成断陷区。它既是地层厚度较大的沉积中心和富煤中心，也是西部河流的汇水区和海水侵入的通道，在断陷区形成的含煤地层旋回结构更为复杂，不仅有整体性海平面升降的影响，而且有同期构造活动造成的结果（王小川等，1996）。

　　区内海陆过渡区主要有盘县三角洲、水城三角洲、古蔺三角洲（龙潭期）和筠连三角洲（长兴期）。从三角洲向外有普安海湾、大方海湾和綦江海湾。

古蔺三角洲位于黔北-川南隆起地区,向东南和东北分别注入普安海湾和大方海湾,主道不明显,向北注入綦江海湾。长兴期形成的筠连三角洲规模最小,局限于筠连、珙县、威信等地。主道不明确,向东注入半局限的碳酸盐台地。在大方海湾的北西侧毕节、镇雄地区也可能还有单独的三角洲沉积(图3-5、图3-6、图3-7)。

黔西、川南、滇东晚二叠世聚煤盆地演化过程可分为以下三个阶段。

(1)大规模的玄武岩喷发后,构造活动处于相对稳定时期,使得盆地基底由风化剥蚀阶段进入风化残积阶段,煤系底部普遍形成基性凝灰质残积层。

(2)龙潭早期,以边缘断裂为界的盆地整体沉降加剧,剥蚀区地形高差较大,大量碎屑物质进入聚煤盆地。盆地边缘冲积扇砾岩较发育,局部扩大延伸形成砾质辫状河。同时海侵逐渐超覆到残积平原及玄武岩斜坡区的东缘。冲积扇砾岩向东与海侵沉积向西相向扩大,是聚煤盆地整体沉降较快的表现(图3-5)。

(3)龙潭晚期,盆地沉降速度减慢,剥蚀区地形高差减小。粗粒的冲积扇体退缩,较细粒的碎屑物质补偿过剩,向浅海的方向填积,海岸后退,平原化程度增高,沼泽化向陆和向海作双向性扩大,出现了沉积补偿性海退(图3-6)。同时大面积的河流沉积由陆相区向过渡相区延伸,在川南、黔北陆相地层也增多,煤层更加发育。在滇东南丘北地区的碳酸盐台地上,多次出现海水变浅,形成碳酸盐潮坪沼泽成煤。龙潭晚期的含煤性最好,煤层层数和可采煤层较多,这种沉积补偿性的海退,有利于煤层的形成。煤层堆积后顶板为陆相层覆盖,减少了顶板层海相硫的影响程度,有利于低硫煤的形成。

煤层是通过泥炭沼泽聚集起来的。泥炭沼泽的发育要求有更加严格的水文条件。在海陆过渡沉积区的三角洲、潟湖-海湾潮坪等环境位于海平面上下,所以有利于形成泥炭沼泽。在龙潭早期,构造沉降速率平稳,海平面上升明显,两者之和大于沉积物的充填速率,从而导致聚煤盆地不断扩大,海水侵进,聚煤区向陆超覆迁移。龙潭晚期,构造沉降速率平稳,海平面升降没有发生明显改变,沉积物充填速率加快,聚煤盆地变化不大,但聚煤区呈现出向西和向东明显的双向性扩展,造成沉积补偿性海退。长兴期,构造沉降速率进一步减小,但海平面上升明显,沉积物充填速率减慢,导致沉积盆地扩大,海水向西推进超覆,聚煤区缩小并向西迁移(图3-7、图3-8)。

图3-5　龙潭早
期岩相古地理（王
小川等，1996）

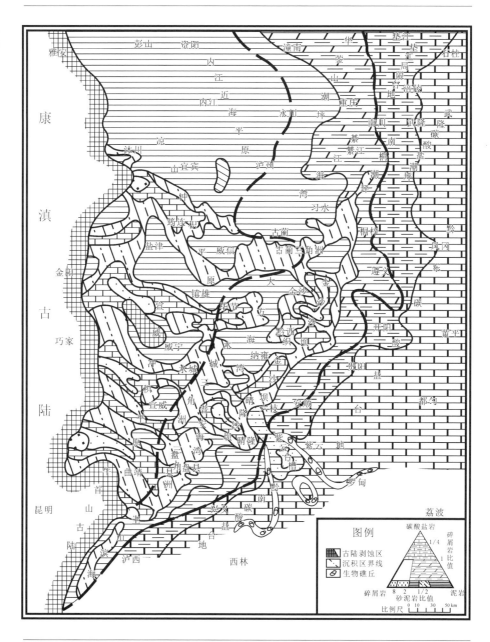

图例

古陆剥蚀区
沉积区界线
生物礁丘

碳酸盐岩
碎屑岩比值 1/4
1

碎屑岩 8　2　1/2 泥岩
砂泥岩比值

比例尺　0 10　30　50 km

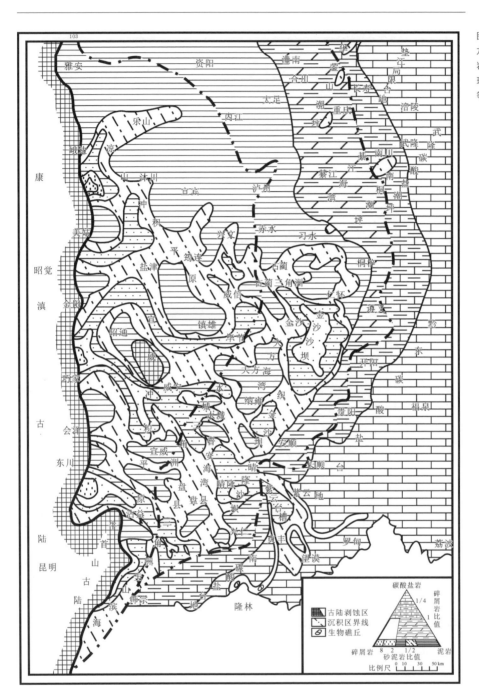

图 3-6
龙潭晚期
岩相古地
理(王小川
等,1996)

图3-7 长兴期
岩相古地理(王小
川等,1996)

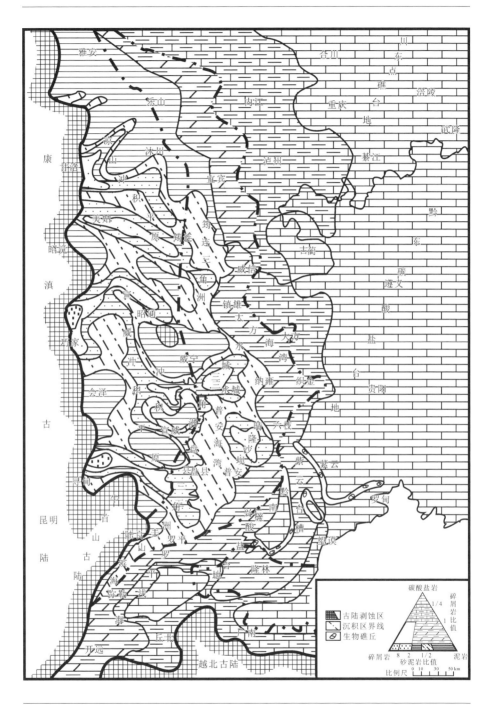

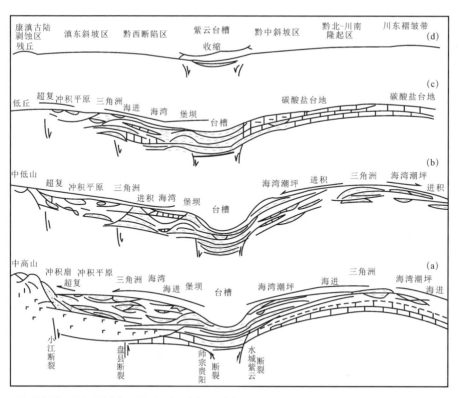

图3-8 晚
二叠世聚煤
盆地构造-
沉积演化
（王小川等，
1996）

（a）龙潭早期；（b）龙潭晚期；（c）长兴期；（d）长兴末期

第 4 章

页岩沉积层序

层序地层学研究一直与油气勘探密切相关,研究层序格架中烃源岩的发育特征和空间展布规律是层序地层学的一项重要内容,亦是对常规油气资源进行合理评价的重要依据。常规油气勘探的烃源岩概念与近年来兴起的页岩气勘探中的富有机质页岩概念在一定程度上可以对应,并且页岩气勘探大多集中在油气勘探程度较高的地区,因此页岩的沉积层序作为富有机质页岩沉积环境与成岩作用的重要部分,对页岩气勘探具有重要意义。本章重点介绍层序地层学中与页岩沉积环境相关的概念和理论、富有机质页岩的层序地层属性,以及富有机质页岩层系的等时地层对比。

4.1　　　层序地层学基本理论概述

层序地层学是根据露头、钻井、测井和地震资料,结合有关沉积环境和岩相古地理解释,对地层层序格架进行地质综合解释的地层学分支学科。它是划分对比和分析沉积岩的一种新方法。当它与生物地层学及构造沉降分析相结合,便提供了一种更为精确的、以不整合面或与之可对比的整合面为边界的地质时代对比、岩相古地理再造和钻前预测生储盖地层的方法。从本质上讲,层序地层学分析提供了被称为层序和体系域成因地层单元的年代地层格架。这些层序和体系域的几何形态及地层叠置样式是由基准面变化造成的,它们与特定的沉积体系和油气产出具有密切的联系。

对于油气勘探来说,层序地层学具有良好的理论和实际预测作用。从理论上讲,通过对海(湖)平面相对变化的研究,可以预测尚未钻探地层的年代,预测某些体系域的地层叠置样式和分布范围,科学地推测盆地沉积充填历史和地质发展史。从实际情况来看,通过体系域和沉积岩相分布规律以及高分辨率地震勘探研究,可以预测形成油气藏及其他沉积矿产的有利地区,预测钻前油藏类型和油层产量及已开发油田的扩边和开发效率。富有机质页岩作为较易识别的标志层,对地层划分和体系域分析有重要意义,在勘探开发程度较高的油气田区其识别和标定也十分成熟,可以为新兴页岩气勘探富有机质页岩的识别和对比提供良好支撑。

4.1.1　层序与层序地层学

1. 层序及层序类型

1）层序

层序是一套相对整一的、成因上存在联系的、顶底以不整合面或与之相对应的整合面为界的地层单元（Mitchum，1977）。层序是一个具有年代意义的地层单位，层序内部相对整合的地层形成于同一个海平面升降旋回中，层序是由成因上有联系的多种沉积相在纵向和横向上的有序组合。层序本身不包括规模甚至时间的含义，但层序内所有岩层都是沉积在以层序边界年代所限定的地质时间间隔内，层序边界及内部地层的地质年代可以用生物地层和其他年代地层学的方法加以确定（图4-1）。层序是层序地层学研究的基本单元。一个沉积层序可以包含若干个不同类型的沉积体系域以及准层序组和准层序。

2）层序类型

在地层记录中，可以识别出两种类型的层序，即Ⅰ型和Ⅱ型层序。Ⅰ型层序底部以Ⅰ型层序界面为界，顶部以Ⅰ型或Ⅱ型层序界面为界。Ⅱ型层序底部以Ⅱ型层序界面为界，顶部以Ⅰ型或Ⅱ型层序界面为界。

Ⅰ型层序界面是一个区域性的不整合界面，是全球海平面下降速度大于沉积滨线坡折带处盆地沉降速度时产生的（图4-2）。也就是说Ⅰ型层序界面是在沉积滨线坡折带处，由海平面相对下降产生的。Ⅰ型层序界面以河流回春作用、沉积相向盆地方向迁移、海岸上超点向下迁移以及与上覆地层相伴生的陆上暴露和同时发生的陆上侵蚀作用为特征。由于形成Ⅰ型层序边界时，沉积相迅速向盆地方向迁移，必将造成非海相辫状河或浅海相河口湾等沉积物直接覆盖在界面之下的较深水下临滨、陆棚沉积物之上，界面之间缺少中等水深的沉积地层。

Ⅱ型层序界面是由于全球海平面下降速度小于沉积滨线坡折带处盆地沉降速度时形成的，因此在这个位置上未发生海平面的相对下降（图4-2）。Ⅱ型层序界面是一个区域性界面，具有自沉积滨线坡折带向陆方向的陆上暴露、上覆地层的上超以及海岸上超的向下迁移等特征。然而，它没有伴随着河流回春作用造成的陆上侵蚀，也没有沉积相明显向盆地方向的迁移。

不同类型的层序及其界面的形成与全球海平面下降速度、沉积滨线坡折处沉降速度的大小密切相关。沉积滨线坡折是指陆架剖面上的一个位置,是沉积作用活动的地形坡折,在此坡折向陆方向,沉积表面接近基准面,面向海方向沉积表面低于基准面。因此,在硅质碎屑沉积盆地中,沉积滨线坡折带的位置大致与三角洲河口砂坝向海一端或与海滩上临滨位置一致,通常位于岸线向海100～1000 m处,水深在8～15 m,相当于正常浪基面位置。随着海平面升降变化,沉积滨线坡折的位置也会发生变化。

由于形成层序类型的机制不同,因此,不同类型层序内部的体系域构成和沉积特征就有所不同(表4-1)。

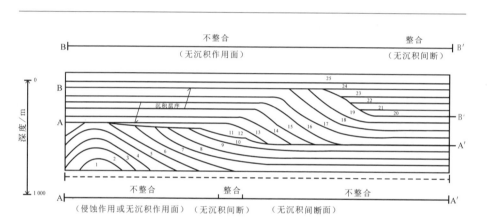

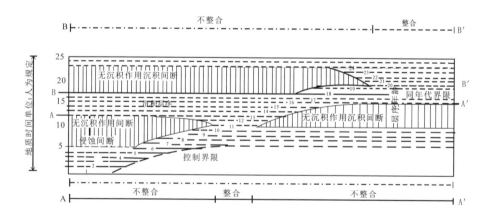

图4-1　沉积层序及其年代地层剖面(R. M. Mitchum,1997)

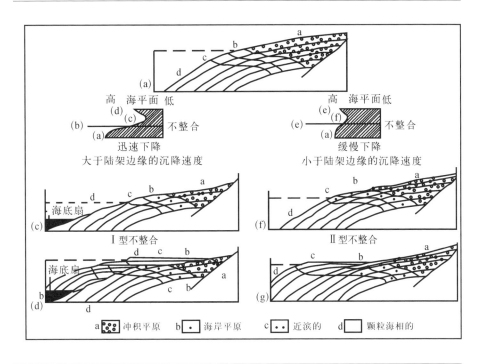

图4-2 Ⅰ型、Ⅱ型不整合及造成这两类不整合的海平面升降(Wilson，1991)

表4-1 不同类型层序的体系域构成

层序类型	体系域类型	体系域中的沉积体
Ⅰ型层序	低位体系域	盆底扇、斜坡和前积楔状复合体
	海侵体系域	缓慢沉积复合体
	高位体系域	S形、斜交前积和加积型沉积复合体
Ⅱ型层序	陆棚边缘体系域	前积和加积沉积复合体
	海侵体系域	缓慢沉积复合体
	高位体系域	S形、斜交前积和加积型沉积复合体

2. 层序地层学及其理论基础

1）层序地层学定义

层序地层学是研究以不整合面或与之相对应的整合面为边界的年代地层格架

中具有成因联系的、旋回岩性序列间相互关联的地层学分支学科。也可定义为研究年代地层格架中成因关联的学科（Van Wagoner, 1988, 1990）。也有人认为，层序地层学是研究层序形成和地层分布模式的一门科学。层序地层学就是根据地震、钻井、测井和露头资料以及有关沉积环境和岩相对地震形式作出解释。层序地层学的解释过程将建立以地层不连续面为界的、成因上有联系的、旋回性地层的年代地层学体制。

层序地层学属于成因地层学的范畴，是一种划分、对比和分析沉积岩的新方法。当它与生物地层学和构造沉降分析相互结合时，便可提供一种更为精确的地层时代对比、沉积相制图和钻前预测生、储、盖层分布的年代地层格架。从本质上讲，层序地层学分析成果提供了被称为层序和体系域的成因地层单位的、以不整合面或与之相对应的整合面为界的年代地层格架。这些层序和体系域与特定的沉积体系类型、岩性分布和油气产出具有密切的联系，是由与海平面相对变化有关的基准面变化引起的。这些基准面变化表现在地震反射剖面上的不同类型地震反射的终止关系以及露头、钻井、测井资料上的沉积相带叠置方式的变化，可利用生物地层学和其他年代地层学的方法确定基准面变化处的地质年代。因此，层序地层学的地层单位是由物理界面所限定的等时岩石组合，从而提高了岩相古地理再造、盆地地质历史分析和资源评价的科学性和准确性。

陆相层序地层学研究方法应该比海相层序地层学更精细，而且是双向的，即从地震剖面上层序的宏观控制，建立与露头的对应关系，用古地磁、同位素、旋回地层学等给以标定时间及时间间隔；同时通过精细的测井曲线分析，确定层序、亚层序、层系、层，甚至纹层，建立与地震剖面、露头层序的对应关系；这样从宏观控制微观，微观又反过来补充、充实、证明宏观，在宏观控制下建立地层格架，通过露头、岩心详细观察和测井资料的精细处理，计算机模拟探讨预测储层横向变化，油气赋存状态，在四维时空上认识其配置关系，这是一个历史的动态的平衡。

层序地层学的诞生和发展受益于地震地层学、生物地层学、年代地层学和沉积学的发展。但需要指出的是，岩性地层学不利于层序地层学的发展。岩性地层学常是相似岩性的地层对比，因而常是穿时的、没有等时意义的（图4-3）。

图4-3 层序地层学与岩性地层学地层对比的差异

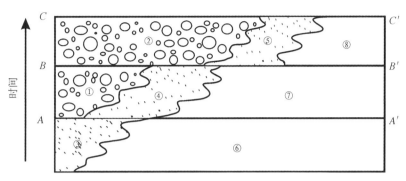

具有地质年代意义的地层对比线为AA′、BB′；
岩性对比将会把相同岩性的砾岩①②、砂岩③④⑤、泥岩⑥⑦⑧对比起来。

2）层序地层学理论基础

（1）海平面升降变化的全球周期性

层序地层学是在地震地层学理论基础上发展起来的，它继承了地震地层学的理论基础，即海平面升降变化具有全球周期性，海平面相对变化是形成以不整合面以及与之相对应的整合面为界的、成因相关的沉积层序的根本原因。Haq和Vail（1977，1987）建立了显生宙全球海平面Ⅰ型、Ⅱ型变化旋回的中新生代海平面变化年表（图4-4）。他们认为，由于海平面变化的全球性，层序地层学可以成为建立全球性地层对比的手段，重建全球地层对比系统；尽管还有许多地质学研究者对全球海平面升降曲线的准确性持怀疑态度，指出区域海平面变化周期受控于构造、气候、全球性海平面变化、沉积物供给等多种因素，但是若排除构造运动以及其他干扰因素的影响，并对具有全球性周期的沉积层序进行准确定年，就能够提供一种特别适合于沉积相和古地理重建的年代地层格架，同时还能获得对全球海平面周期升降规律的认识（图4-4）。

（2）地层单元几何形态和岩性的控制因素

层序地层学注重研究以不整合面及与之相关的整合面为界的旋回地层的关系。一个沉积层序是由沉积在一个相对海平面升降旋回之间的各种沉积物组合而成的，一个层序中地层单元的几何形态和岩性受构造沉降、全球海平面升降、沉积物供给速率和气候变化等4个基本因素的控制。其中构造沉降提供了可供沉积物沉积的可容

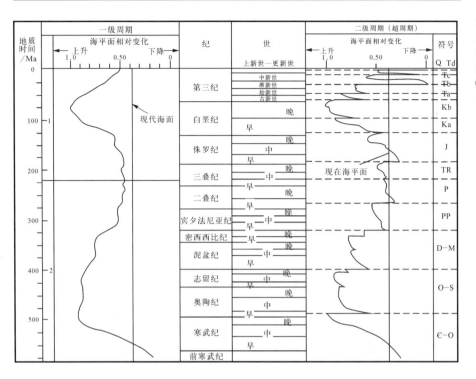

图4-4
显生宙全
球海平面
变化旋回
（Vail等，
1977）

空间，全球海平面变化控制了地层和岩相的分布模式，沉积物供给速率控制了沉积物的充填过程和盆地古水深的变化，气候控制了沉积物类型以及沉积物的沉积数量。Vail（1987）曾认为，全球海平面升降变化是控制地层叠置样式的最基本因素。一个沉积层序顶底边界的形成直接受全球性海平面变化所形成的不整合控制。若能够排除构造运动以及其他局部因素的影响，而将这些具有全球周期性的沉积层序准确定年，就能够提供一种特别适合于沉积相和古地理重建的年代地层格架，同时还能够获得对全球海平面升降周期性变化规律的认识（图4-4）。

3）其他相关基本概念

（1）最大海泛面/最大湖泛面

最大海泛面是一个层序中最大海侵时形成的界面，它是海侵体系域的顶界面并被上覆的高位体系域下超。在任一级海平面升降周期内，海平面上升速率极快，达到高峰后转为缓慢或初始下降之前的瞬间，为最大海泛期。它以从退积式准层序组变为进积式准层序组为特征,常与凝缩层伴生,与页岩的沉积环境和发育密切相关。在地震反射剖面上,最大海泛面常对应于最远滨岸上超点所对应的反射同相轴。

最大湖泛面,即指在湖盆演化过程中,湖平面达到最高、湖岸上超点达到向陆最远时期所对应的湖泛面,是对应于湖平面升降曲线上的最高点的产物,表现为湖岸从上超最远位置开始向下退缩,沉积物亦相应地向盆内发生迁移,且沉积岩层中湖相成分往上逐渐减少。常形成分布范围广、色暗质纯、反映较深水环境的凝缩层。

该界面在海相盆地中常为典型的下超面,但在陆相断陷湖盆中,因陆源碎屑物供给丰富,湖相泥质岩沉积作用可在每一步进积岩层中形成较厚的湖相夹层,故而难于形成类似于海相盆地的典型的下超面,这给在地震反射剖面上寻找"下超面"带来了一定的难度。

（2）可容空间

可容空间指可供沉积物潜在堆积的空间(Jerrey, 1998)。可容空间受控于沉积背景的基准面的变化,或者是海平面升降和构造沉降的函数。也就是说,若沉积物要发生沉积,则在基准面之下必须存在可容空间。基准面的位置是随沉积背景的变化而变化的(图4-5)。

图4-5 可容空间示意图(Emery, 1996)

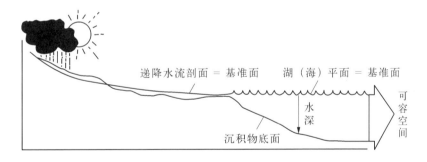

（3）凝缩层/密集段

凝缩层是指沉积速率很慢[$(1 \sim 10) \times 10^{-3}$ mm/a]、厚度很薄,富含有机质、缺乏陆源物质的半深海和深海沉积物,是在海平面相对上升到最大、海侵最大时期在陆棚、陆坡和盆地平原地区沉积形成的。凝缩层也称密集段,与富有机质页岩的发育密切相关。

（4）准层序组叠加样式

准层序是一个以海泛面或与之相应的面为界、由成因上有联系的层或层组构成的相对整合序列。准层序组是指由成因相关的一套准层序构成的、其特征堆砌样式的一种地层序列。根据准层序的垂向组合关系（叠置样式），可将准层序组划分为进积、加积和退积准层序组3种类型，其中退积准层序组对页岩沉积环境具有指示意义。

退积准层序组是在沉积速率小于可容空间增长速率的情况下形成的，因此年轻的准层序依次向陆方向退却。尽管每个准层序都是进积作用的产物，但就整体而言，退积准层序组显示出向上水体变深、单层砂岩减薄、泥岩加厚、砂泥比值降低的特征，它常是海侵体系域的特征。

此外，进积准层序组形成于沉积速率大于可容空间增加速率的情况下；加积准层序组形成于沉积速率等于或近于可容空间变化速率的情况下。

4.1.2 　　　　基准面与基准面变化旋回

基准面与基准面变化旋回是层序地层学的核心理论。层序地层学特别强调海平面相对周期性变化对地层层序样式的重要影响，并通过建立以不整合面为边界的年代地层格架，将具有成因联系的地层内部单元进一步细分，在考虑全球海平面升降变化、沉积物供给、构造沉降和气候等控制因素的基础上，建立层序地层分布模式并作出成因解释，然后再结合石油地质基本条件评价、预测烃源岩、储集层和盖层的分布以及有利地层岩性油气藏的位置，为油气田勘探指明方向。但是，石油地质学、煤田地质学等相关学科的发展，要求层序地层学能够提供更为全面、更为系统、更为精确的年代地层格架。在这种背景下，高分辨率层序地层学分析理论和方法技术便应运而生，其中以美国科罗拉多矿业学院T.A.Cross提出的高分辨率层序地层学最具有代表性，而且在油气勘探开发等领域发挥了积极作用。

高分辨率层序地层学的理论核心是指在基准面旋回变化过程中，由于沉积物可容空间与沉积物补给通量比值（A/S值）的变化，相同沉积体系域中沉积物体积发生再分配作用，导致沉积物堆积样式、相类型及相序、岩石结构、保存程度发生变化。这些变化是沉积体系域在基准面旋回中所处位置和可容空间的函数。基准面旋回变化控制了地层单元的分布模式,这种具有一定规律的分布模式为人们进一步预测沉积储层的分布提供了概念性模型,对富有机质页岩分布规律的预测也具有重要意义。高分辨率层序地层学是对地层记录中反映基准面旋回变化的时间地层单元进行"二元划分",其关键是在地层记录中识别代表不同级次基准面旋回的不同级次地层旋回,进而进行高分辨率等时地层对比,探讨等时地层格架内的地层分布模式,预测有利的烃源岩、储集层和盖层的分布位置,以及富有机质页岩的空间展布特征及发育层位。

1. 基准面

基准面并非海平面,也不是一个相当于海平面的向陆延伸的水平面,而是一个相对于地球表面波状升降的、连续的、略向盆地方向下倾的抽象面(非物理面),其位置、运动方向及升降幅度不断随时间发生变化(图4-6)。该概念由Cross(1994)在Wheeler(1964)提出的基准面概念上发展而来,引用并发展和分析了基准面旋回与成因层序形成的过程–响应原理。

地层基准面受海平面、构造沉降、沉积负荷补偿、沉积物补给、沉积地形等因素的综合影响,它是理解地层层序成因并进行层序划分的主要格架。地层基准面并不是一个完全固定不变的界面,它在变化过程中总是表现出向基准面幅度最大值或最小值单向移动的趋势,构成一个完整的基准面上升与下降旋回。这种基准面的一个上升与下降旋回被称为基准面旋回。基准面可以完全位于地表之上或在地表之下摆动。也可以穿越地表,从地表之上摆动到地表之下再返回到地表之上,这就是基准面穿越旋回。一个基准面旋回是等时的。在一个基准面旋回变化过程中保存下来的岩石为一个成因地层单元,即以等时界面为边界的时间地层单元–成因层序。

基准面处于不断运动变化之中,它相对于地表的波状升降、伴随着沉积物可容空间的变化而发生变化(图4-6)。当基准面位于地表之上时,就提供了可供沉积物沉积的空间,发生沉积作用,任何侵蚀作用均是暂时的或局部的。当基准面位于地表之下时,可容空间消失,发生侵蚀作用,任何沉积作用均是暂时的和局部的。当基准面与地表重合时,既不发生沉积作用也不发生侵蚀作用,沉积物发生过路作用。因而在基准面变化的时间域内,在地表的不同地理位置上表现出沉积作用、侵蚀作用、沉积物过路作用乃至沉积物非补偿($A/S \rightarrow \infty$)产生的饥饿性沉积作用及非沉积作用等不

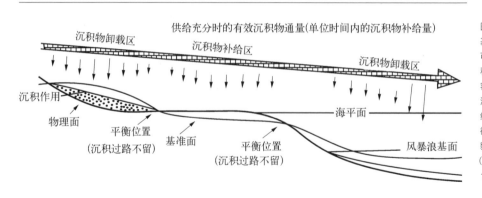

图 4-6
基 准 面、
可容空间
和反映可
容空间与
沉积物供
给之间平
衡时的地
貌 状 态
（Cross，
1994）

同类型的地质作用状态。在地层记录中，代表基准面旋回变化的时间-空间地质事件
表现为不同岩石类型与界面的组合（图4-7）。因此，一个成因层序是由基准面上升
半旋回和基准面下降半旋回所形成的沉积物组成的。

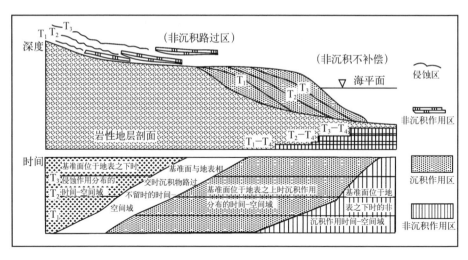

图4-7 岩性地层
剖面及侵蚀作用、沉
积物锅炉作用、沉
积作用和非补偿沉
积作用的时空迁移
对 比 图（Wheeler，
1964）

确定成因层序的形成及特征对预测页岩发育位置具有重要意义。当基准面位于
地表之上并相对于地表进一步上升时，可容空间增大，沉积物在该可容空间内堆积的
潜在速率增加，但沉积物堆积的实际速率还受控于母岩类型和风化产物的地质搬运过
程。位于地表之上的基准面上升所形成的沉积序列取决于可容空间增长速率、沉积物

堆积速率、沉积相类型以及海（湖）平面升降变化的影响。位于海（湖）平面之下的基准面上升就会造成沉积水体的不断加深，若沉积速率低于可容空间增长速率则形成向上变细的沉积序列，利于泥岩、页岩及富有机质页岩的形成和发育；若沉积速率等于或大于可容空间增长速率则形成向上粒度不变的加积序列或向上变粗的沉积序列。沉积物堆积还受控于可容空间的大小。在沉积物供给速率不变的情况下，可容空间与沉积物供给量的比值（A/S 值）影响了有效可容空间中沉积物的堆积速率、保存程度和内部结构特征。因此，基准面的变化描述了可容空间的形成和消失的过程以及沉积作用、侵蚀作用等多种地质作用的变化过程，是控制页岩沉积环境的重要因素。

2. 基准面变化旋回

高分辨率层序地层学研究是对地层记录中反映基准面变化旋回的时间地层单元进行二元划分。不同级次的基准面旋回必将形成不同级次的地层旋回。因而，在地层记录中如何识别代表多级次基准面旋回的多级次地层旋回就成为高分辨率层序地层学地层对比的关键。根据基准面旋回和可容空间变化原理，地层的旋回性是基准面相对于地表位置变化产生的沉积作用、侵蚀作用、沉积物过路作用和沉积非补偿造成的饥饿性沉积作用乃至非沉积作用等多种地质作用随时间发生空间迁移的地层响应。地层记录中不同级次的地层旋回，记录了相应级次的基准面旋回。一般来说，根据地层记录的旋回地层特征，可以将基准面变化旋回划分成短期、中期和长期旋回。

1）短期基准面旋回

短期基准面旋回是指成因上有联系的岩相组合，记录了一个短期基准面旋回可容空间由增加到减少的过程。短期地层旋回中代表基准面上升半旋回的地层记录以反映沉积水体逐渐变深的相组合为特征（位于海盆或湖盆中，且沉积物供给速率低于可容空间增长速率，为富有机质页岩发育的有利相位）；代表基准面下降半旋回的地层记录则以沉积水体逐渐变浅的相组合为特征。

2）中期基准面旋回

中期基准面旋回是指在大致相似地质背景下形成的一系列具成因联系的短期基准面旋回的组合，包括中期基准面上升和下降半旋回。中期上升半旋回则由一系列代表水体逐渐变深的短期旋回叠加而成，中期下降半旋回则由一系列代表水体逐渐变浅的短期旋回叠加而成。在中期上升和下降半旋回中可能出现相似的相和相组合,但由于其所处的地层位置不同,内部结构存在差异,可以将它们区别开来。

与页岩沉积环境有关的沉积层序主要出现在向陆方向推进的退积短期旋回叠加,形成于中期基准面旋回的上升时期,此时可容空间增加速率大于沉积物供给速率($A/S > 1$)。上覆的短期旋回的沉积特征与下伏相邻短期旋回相比,泥岩厚度加大,砂泥比值降低(图4-8、图4-9),反映了可容空间增大的特征,是泥岩、页岩乃至富有机质页岩发育的有利环境。

向海(湖)盆方向推进的短期叠加旋回形成于中期基准面下降期,此时沉积物供给速率大于可容空间增长速率($A/S < 1$),所以沉积序列就反映出可容空间不断减小的特征,沉积序列表现出向上砂岩厚度加大、砂泥比值加大的短周期旋回叠加样式。

短期旋回的垂向加积样式是在较长期基准面上升旋回至下降旋回的转换时期形成的。此时可容空间增加速率几乎等于沉积物供给速率($A/S = 1$),也就是相邻短期旋回形成时的可容空间变化不大,新增可容空间近似为零,各个相邻短期旋回的沉积性质具有良好的相似性(图4-8)。

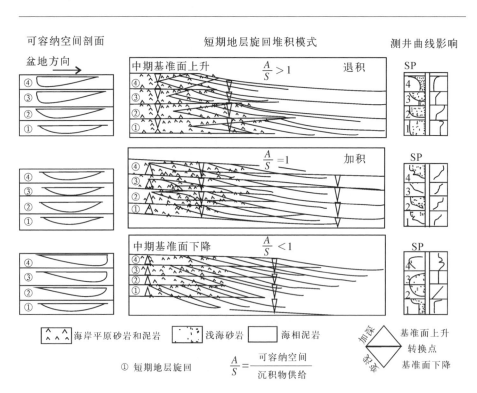

图4-8 短期基准面旋回叠加样式及其测井响应(邓宏文,1996)

图4-9 进积和退积对称性中期基准面旋回的沉积特征(邓宏文,1996)

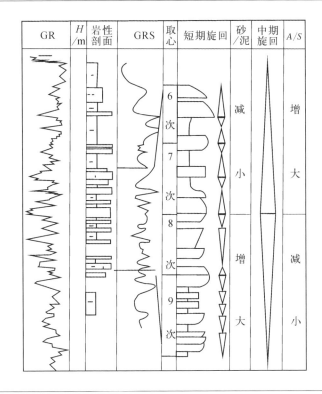

3)长期基准面旋回

长期基准面旋回是指在沉积盆地范围内,区域基准面所经历的上升和下降过程。与其对应的长期地层旋回是以区域不整合面为边界的一套具成因联系的、连续的地层组合。

4.1.3　体系域

沉积层序的不同部位发育不同的体系域,体系域的不同部位又发育不同的岩性组合。根据体系域在层序内的位置,可进一步划分为低水位体系域、陆棚边缘体系域、海侵体系域及高水位体系域等。体系域与地层的沉积环境密切相关,海相沉积环境中与页岩发育密切相关的体系域为海侵体系和高位体系域;陆相沉积环境中与页岩发育密切相关的体系域为水进体系域和高位体系域。

1. 体系域类型

1）体系域

体系域是指一系列同期沉积体系的集合体（Fisher和Brown, 1977），沉积体系是指具有成因联系的、相的三维空间组合（Fisher, 1967）。因此，体系域是一个三维沉积单元，体系域的边界可以是层序的边界面、最大海泛面或首次海泛面。可以通过地震反射终止关系，如削蚀、顶超、上超、下超，以及沉积相的组合序列、体系域内部几何形态来识别体系域类型。体系域是进行有利地层预测的基本作图单元。在一个海平面升降旋回中，在旋回的不同阶段发育了不同的体系域（图4-10），即不同的体系域类型发育于某一沉积层序的特定部位。

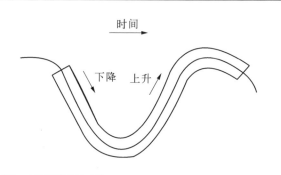

图4-10 沉积体系域与海平面升降旋回的关系（Posamentier等, 1938）

2）海相沉积环境体系域特征

Exxon公司的研究人员利用全球不同地区沉积盆地反映的海平面变化周期，将层序进一步划分为具三分性的体系域，且每一个体系域都与特定的海平面升降曲线有关。在Ⅰ型层序中自下而上划分出低水位体系域（LST）、海侵体系域（TST）和高水位体系域（HST）；在Ⅱ型层序中自下而上划分出陆棚边缘体系域（SMST）、海侵体系域（TST）和高水位体系域（HST）。

（1）低位体系域

低位体系域（Lowstand Systems Tract, LST）是指Ⅰ型层序中位置最低、沉积最老的体系域，是在相对海平面快速下降到最低点并且开始缓慢上升时期形成的（图4-10）。在具有陆棚坡折和深水盆地的沉积背景中，低位体系域是由海平面相对下降时形成的盆底扇、斜坡扇和海平面开始相对上升时形成的低位前积楔状体以及河流深切谷充填物组成的(图4-11)。盆底扇的形成与海底峡谷进入陆坡的侵蚀作用和河

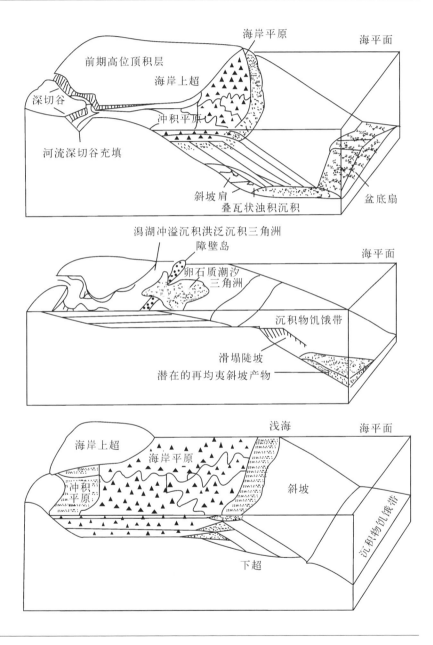

图4-11　具陆架边缘坡折带的Ⅰ型层序体系域
(Myers, 1996)

谷进入陆架的下切作用密切相关。盆底扇底面是Ⅰ型层序界面,其顶面是下超面。陆坡扇以陆坡中底部浊流沉积为特征,其沉积作用可与盆底扇或低水位楔早期部分同期。低位前积楔状体常上超在层序界面之上或下超于盆底扇或陆坡扇之上,其顶面也是低位体系域的顶界面-初次海泛面。在斜坡构造背景中,低位体系域由海底滑塌浊积扇组成。在生长断层背景中,低位体系域由盆底扇、斜坡扇、互层砂泥岩加厚层和深切谷(滑塌浊积扇)组成。

（2）海侵体系域

海侵体系域(Transgressive Systems Tract, TST)是Ⅰ型和Ⅱ型层序中部的体系域,它是在全球海平面迅速上升与构造沉降共同产生的海平面相对上升时期形成的(图4-10),以沉积作用缓慢的、低砂泥比值的、一个或多个退积型准层序组为特征。主要沉积体系类型是陆架沉积、三角洲沉积,海岸平原沉积以及障壁岛、潟湖,受潮汐影响的沉积(图4-11)。其顶部是一个分布较广的下超面,顶部沉积物以沉积慢、分布广、富含有机质、沉积物细为特征。海侵体系域测井曲线特征如图4-12所示。

（3）高位体系域

高位体系域(Highstand Systems Tract, HST)是Ⅰ型和Ⅱ型层序上部的体系域,是在海平面由相对上升转变为相对下降时期形成的(图4-10),此时沉积物供给速率常大于可容空间增加的速率,因而形成了向盆内进积的一个或多个准层序组。主要沉积体系类型相似于海侵体系域,但河流作用更明显,河道砂发育,潮汐影响变小,潟湖和煤系地层不太发育(图4-11)。高位体系域顶部以Ⅰ型或Ⅱ型层序界面为界,底部以下超面为界。在许多硅质碎屑岩层序中,高水位体系域明显地被上覆层序边界所削蚀,如果被保存下来,其厚度较薄且富含页岩。高水位体系域的测井曲线特征如图4-12所示。

（4）其他体系域

其他体系域如陆架边缘体系域(Shelf Margin Systems Tract, SMST)、中位体系域(midstand systems tract)和海退体系域(regressive systems tract)等在本文内不再进行详细介绍。

3）陆相沉积环境体系域特征

对于陆相盆地一个旋回层序发育过程中体系域的划分,国内不同层序地层学研

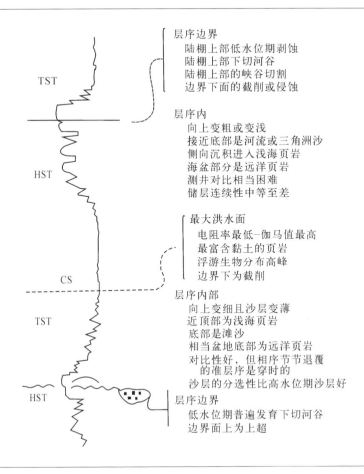

图4-12 海侵体系域、高
位体系域的测井曲线特征

TST

层序边界
　　陆棚上部低水位期剥蚀
　　陆棚上部下切河谷
　　陆棚上部的峡谷切割
　　边界下面的截削或侵蚀

层序内
　　向上变粗或变浅
　　接近底部是河流或三角洲沙
　　侧向沉积进入浅海页岩
　　海盆部分是远洋页岩
　　测井对比相当困难
　　储层连续性中等至差

HST

最大洪水面
　　电阻率最低-伽马值最高
　　最富含黏土的页岩
　　浮游生物分布高峰
　　边界下为截削

CS

层序内部
　　向上变细且沙层变薄
　　近顶部为浅海页岩
　　底部是滩沙
　　相当盆地底部为远洋页岩
　　对比性好,但相序节节退覆
　　　的准层序是穿时的
　　沙层的分选性比高水位期沙层好

TST

层序边界
　　低水位期普遍发育下切河谷
　　边界面上为上超

HST

究者所持观点各异,且使用的术语体系混杂。从泌阳断陷湖盆陆相层序的研究中发
现(胡受权,1998),陆相层序的体系域具四分性(图4-13):低水位体系(LST)、水
进体系(TST)、高水位体系(HST)及水退体系(RST)。

(1)低水位体系域

低水位体系域(LST)以不整合面或沉积间断面(陆上暴露面)与下伏沉积层序
的水退体系分开,发育一套冲积扇或扇三角洲平原沉积,几乎无湖相沉积夹层,陆
上暴露标志明显,地层形式以加积为主(称低位加积)。

(2)水进体系域

水进体系域(TST)以初次湖泛面为界与LST分开,这一界面亦为沉积相转换

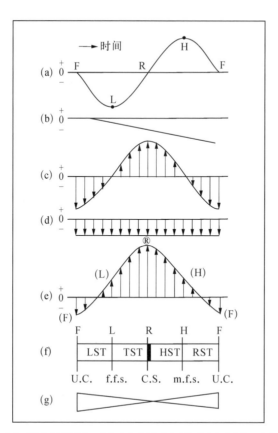

图4-13 一个湖平面变化旋回曲线与陆相层序的体系域四分性（胡受权，1998）

（a）湖平面变化曲线；（b）盆地构造沉降曲线；（c）湖平面变化速率曲线〔（a）求导〕；（d）盆地构造沉降速率曲线〔（b）求导〕；（e）可容空间变化速率曲线〔（c）与（d）相减〕；（f）体系域四分性及其界面（U.C.—不整合面；f.f.s.—初始湖泛面；C.S.—凝缩段；m.f.s.—最大湖泛面）；（g）陆相层序二元结构（粗→细→粗）

面，即扇三角洲平原相转换为扇三角洲水下部分，且湖相成分垂向上逐渐向上增加，直至凝缩段出现，地层型式以退积为主。

（3）高水位体系域

高水位体系域（HST）以凝缩段底界与TST分开，地层形式以加积为主（称高位加积），湖相成分鼎盛。

（4）水退体系域

水退体系域（RST）以进积地层形式为其显著特征，底界以最大湖泛面（亦为沉积相转换面)与HST 相邻；顶界以不整合面或沉积间断面与上覆沉积层序的低水位体系域相隔,有时以沉积相不连续面与上覆沉积层序的水进体系域相接,RST地层中湖相成分向上逐渐减少。

由此可见,陆相体系域之间的界面大多为相转换面。就全盆而言,水进和水退效应在盆地中央区和边缘带不一定同时产生,时常可见的是一个相迁移过程。因此这类界面等时性较差,属准等时性地层界面。

2. 层序内部的体系域组合特征

1）Ⅰ型层序内部的体系域组合特征

Ⅰ型层序内部的体系域组合由低水位体系域、海侵体系域和高水位体系域组成。

Ⅰ型层序的形成被认为是在沉积岸线坡折处,当海平面下降的速率超过沉降速率,并在那个区域产生了相对海平面下降的时期形成的。沉积岸线坡折是陆棚上的这样一个位置,该位置的向陆一侧（方向）,沉积表面处于或接近基准面,通常是海平面；而该位置的向海一侧（方向）,沉积表面在海平面以下。这个位置大体上与三角洲河口砂坝的向海一端或与滨岸环境的上临滨一致。

层序内的体系域分布在某种程度上取决于沉积岸线坡折和大陆架坡折之间的关系。大陆架坡折定义为由大陆架向大陆斜坡过渡的一个过渡带。陆架坡折的向陆一侧,坡度小于1/1 000,陆架坡折的向海一侧,坡度大于1/40。

在现今的高（海）水位期间,陆架坡折的水深变化为37 ~ 183 m。在许多海盆中,在相对海平面下降时期,沉积岸线坡折离陆架坡折的向陆侧的距离为160 km或更远一点。在另外一些海盆中,如果高水位体系域已进积到陆架坡折区,那么,在海平面相对下降时期,沉积岸线坡折可能位于陆架坡折处（图4-14）。

斜坡边缘型盆地和陆架坡折边缘型盆地的Ⅰ型层序内,海侵体系域和高水位体系域类似,但其低水位体系域不同。限于篇幅,本文不作详细讨论。

2）Ⅱ型层序内部的体系域组合特征

Ⅱ型层序中的准层序组及体系域的分布如图4-15所示。Ⅱ型层序中最低的体系域是陆棚边缘体系。陆棚边缘体系域的底界是Ⅱ型层序边界,而其顶界是陆棚上第一个明显的海泛面。Ⅱ型和Ⅰ型的海侵体系和高水位体系是类似的。沉积

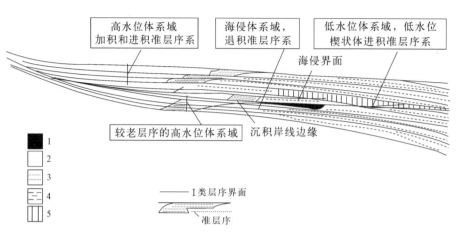

富有
页岩
沉积
成岩

第 4

图4-14 沉
积于具斜坡边
缘盆地的Ⅰ型
层序的地层格
架(Wagoner,
1990)

1—深切谷内河流或河口湾砂岩；2—滨岸平原砂岩和泥岩；3—浅海砂岩；4—陆棚泥岩；5—缓慢沉积段沉积物

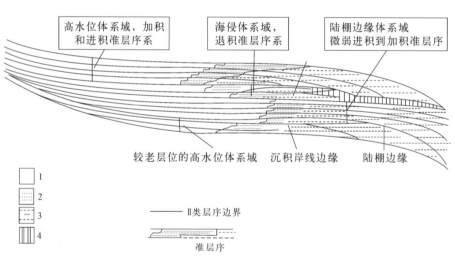

图4-15 Ⅱ型
层序的地层格架
(Wagoner, 1990)

1—滨岸平原砂岩和泥岩；2—浅海砂岩；3—陆棚和陆坡泥岩；4—缓慢沉积段沉积物

在斜坡边缘上的Ⅱ型层序(图4-15)和Ⅰ型层序(图4-14)总体上类似；两者都缺少
扇和峡谷，并且两者初始的体系域(Ⅱ型层序的陆棚边缘体系域，及Ⅰ型层序的低水
位体系域)均是在陆棚上沉积的。然而，Ⅱ型层序与沉积在斜坡边缘上的Ⅰ型层序
不同，其在沉积岸线坡折处没有任何相对的海平面下降。因而Ⅱ型层序也就没有下

切谷，并且也缺少明显的侵蚀削蚀；Ⅱ型的层序边界被认为是在现序的（当时的）沉积岸线坡折处，在海平面下降时期，海平面下降的速率略小于或等于盆地沉降速率时形成的。这意味着对Ⅱ型的层序边界来说，在沉积岸线坡折处，没有相对的海平面下降。

3）层序四分体系域的识别标志

层序四分观点认为，体系域可以分为低水位体系域（LST）、水进体系域（TST）、高水位体系域（HST）和水退体系域（RST）四种（刘招君，1994）。在湖相地层中，体系域通常以主湖泛面为界。虽然在深水盆地中，沉积环境变化较少，主体为暗色泥岩沉积，但是各个体系域有机质丰度之间存在一定的差别。

低水位体系域之下为层序界面，之上为首次主湖泛面，一般情况由于水体相对较浅，有机质供给较少，低水位泥岩有机碳含量较少，此外在陆源碎屑供给较少，水体咸度较高的情况下，湖水含氧带变浅，高咸度的水体有效地阻止沉积界面有机质的氧化分解，同时较少的河流水体供给对于湖水盐度分层起到促进作用，也有利于富有机质泥岩沉积（图4-16）。低水位体系域为小型加积或小型进积型准层序组，泥岩颜色相对较浅。

水进体系域之下为首次主湖泛面，之上为最大湖泛面，水进体系过程中，河流携带大量的陆源营养物质，瞬间提高湖泊生产力，为有机质沉积提供大量的来源，水进体系域是可容纳空间不断增大的过程，盆地处于饥饿状态，为有机质富集和保存的良好条件。因此在水进体系域泥岩有机碳含量明显增加，泥岩颜色由底到顶逐渐加深，发育多层油页岩。

高水位体系域之下为最大湖泛面，之上为湖退下超面，此时可容纳空间最大，水体较为稳定，沉积界面基本为缺氧环境，在湖泊透光带大量繁殖的浮游生物死亡后，沉积到湖底，导致泥岩中有机含量达到最高值。泥岩颜色基本为深灰色-灰黑色，准层序组呈现加积式沉积，发育多套厚层、优质油页岩。

水退体系域之下为湖退下超面，之上为层序界面，陆源碎屑供给增多，泥岩中砂质含量增大，有机质被大量的陆源碎屑稀释，保存环境变差，泥岩颜色逐渐变浅，有机碳含量达到最低，为进积式准层序组。

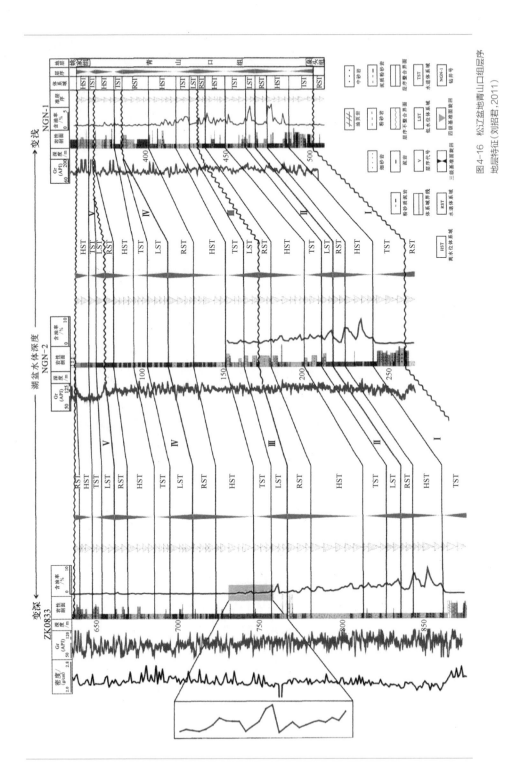

图4-16　松辽盆地青山口组层序
地层特征（刘招君，2011）

4.2 富有机质页岩的层序地层属性

一般而言,富有机质页岩多形成于盆地内水深较大的时期。在最大海泛期,盆地内海水深度最大,海侵范围也最大。在滨线海进后,与浅水有关的陆源沉积场所不断向大陆方向迁移,加之海水上涌的阻力,陆源物几乎停止向深海盆地搬运,结果造成原来的下陆棚、斜坡和深海盆地的非补偿环境,沉积了以悬浮作用为主的沉积物或自生矿物(海绿石、磷灰石和菱镁矿),代表了较长地质时间间隔内深海盆地的饥饿沉积,称为密集段。密集段是厚度很薄的一个海相地层单位,它由深海相、半深海相和远洋沉积物组成,以极低的沉积速率为特征。

陆相湖盆内也存在相似的沉积过程,只是相对海相沉积环境受构造和气候作用影响更大。由于湖泊等陆相沉积环境的异旋回沉积作用与受控于海平面相对变化的海相盆地沉积作用具有相似性,国内外地质学家普遍都认为,起源于被动大陆边缘的海相层序地层学的基本原理和方法能够应用于陆相湖盆层序地层学研究,陆相湖盆内也存在富有机质页岩发育的代表深水沉积的密集段。

4.2.1 密集段的识别

密集段(又称凝缩段)是薄层的海相地层单位(陆相湖盆中也有发育),由远洋到半远洋沉积物组成,以极低的沉积速率为特征。它是层序地层学研究的热点和重要内容之一。密集段之所以重要,一方面是因为它们把开阔大洋微古生物分带提供的时间地层框架,与更向陆地方向的浅水剖面中的沉积层序提供的物理地层单位联系起来,是连接浅水和深水剖面之间的物理地层纽带;另一方面是因为它们不仅是重要的油气源岩,也是重要的矿源层。因此,弄清密集段的性质及其空间展布特点,对于正确预测油气资源及有关矿产具有重要意义。对密集段(尤其是复合密集段)的识别是建立正确的层序地层格架、了解沉积地层时空分布规律的基础。

1. 密集段的识别标志

1）岩石组合

在深水区域，主要为灰色和深灰色泥岩沉积，部分层段呈现油页岩层与下部暗色泥岩突变接触，说明此时水深增大，并伴随着有机质保存条件变好，有机质富集程度增大［图4-17（a）］，因此油页岩层底界面可以作为准层序界面。此外，由于基准面快速上升形成的与暗色泥岩中上下突变接触的浊流砂质条带，或湖泛之初物源碎屑供给不足的情况下发育的碳酸盐层可以辅助深水准层序界面识别。但是在深水环境中，这些标志对水体深度小范围的变动反应相对并不灵敏。

2）生物富集层底界面

一些湖泛作用经常造成湖水介质环境的突然变化，如松辽盆地青山口组时期海侵引起的湖泛，使盆地水体快速咸化，从而易于钙质沉积，同时造成生物群集体死亡，形成富含生物化石的钙质沉积，此类界面可以作为深水准层序界面（图4-17（b））。

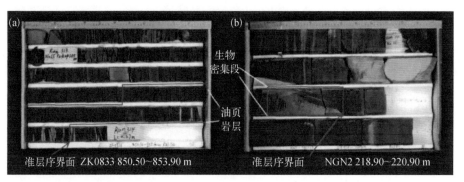

以松辽盆地ZK0833井和NGN2井青山口组为例。

图4-17 准层序界面岩石特征

3）有机地球化学参数

深水盆地背景中的沉积层序，那里水深大，沉积速率低，沉积作用对于海平面变化响应的敏感性很低，多个层序和密集段可结合成复合层序和复合密集段。沉积学和古生物学手段在这种沉积背景上，对层序和密集段的分辨率比较低，故仅据沉积特征和古生物特征很难正确识别和划分不同的层序和密集段。密集段的地球化学特征是密集段本质特征的反映，可作为识别密集段的重要标志，且在深海盆地背景中，与沉积学和古生物学手段相比具有更高的分辨率。

一般认为泥岩中有机碳含量在密集段的位置上可达到峰值,密集段附近有机碳含量较高。根据总有机碳含量(TOC)研究层序的方法比较成熟,刘招君(2011)以1 m为单元对松辽盆地青山口组进行了全取样测试,为深水层序研究提供了依据。每期准层序为基准面突然升高,继而缓慢下降。当湖盆基准面突然上升,可容纳空间增加,深水的还原条件不仅可以有效保存沉积界面有机质,同时突然离盆地边缘距离增加,陆源碎屑和陆源高等植物供给变少,减少有机质稀释,有机质类型变好。所以在每期准层序底部往往伴随着TOC含量的高值,随着基准面逐渐下降、陆源碎屑供给增多、有机质保存条件变差,沉积岩中TOC含量逐渐变少,有机质类型逐渐变差。因此TOC含量突然增加点即为准层序界面。

有机质丰度的改变不仅体现在TOC含量变化,泥岩含油率、生烃潜量($S_1 + S_2$)、氢指数(HI)和氢指数/氧指数(S_2/S_3)也应该存在相应的变化(图4-18)。根据测试数据统计分析,有机地球化学参数和TOC含量呈现明显的相关性,其中含油率和成烃潜力与TOC含量呈线性正关系,说明其突然增加的坎值处即为准层序界面(图4-

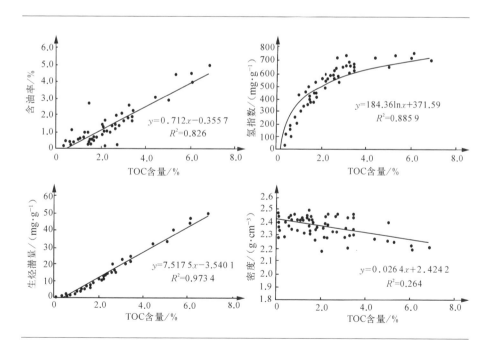

图4-18　泥岩各参数和TOC之间的关系(刘招君,2011)

19)。氢指数和TOC含量呈对数正相关,当TOC含量小于4%时,氢指数变化十分明显;当TOC含量大于4%时,氢指数随有机质丰度不会呈现明显的变化,表明氢指数对于划分有机质丰度较低的暗色泥岩准层序更有意义(图4-18、图4-19)。

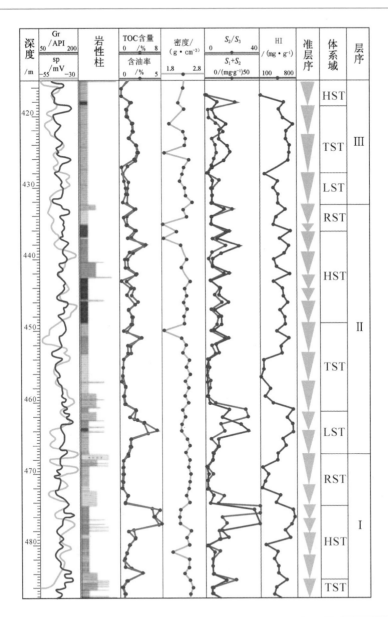

图4-19 有机地球化学参数、测井和沉积物密度识别准层序界面(刘招君,2011,图例见图4-16)

4）地球化学标志

密集段由于形成于较特殊的环境条件下，故其微量元素丰度、$\delta^{13}C$、$\delta^{18}O$ 值等与其下的海进体系域和其上的高水位体系域相比，具有明显的差异，且这种差异在不同的密集段中显示出相似的变化特征。

以塔里木盆地北部一组发育于不同沉积背景上的典型碳酸盐岩层序为例，于炳松（1995）探讨了密集段的地球化学特征。由于形成时水深缺氧，故有机质得以很好保存。微量元素 Sr、Ba、Cu、Zn、Ga、Ni 和 Co 的丰度在密集段位置较其上下层段明显富集，显示出特征的高峰值。而 Mn 的含量，$\delta^{18}O$ 和 $\delta^{13}C$ 值则显示出明显的低峰值。由于密集段的形成与最大海泛面相对应，此时，可容纳空间的增长速率达最大，盆地中水体最深，故前述的变化反映在沉积特征和古生物特征上。而 Sr、Ba、Cu、Zn、Ga、Ni 和 Co 在密集段中的明显富集，一方面与该层段黏土矿物和有机质（其含量的相对增加导致对上述元素吸附作用）的增大有关；另一方面，也说明密集段形成时其沉积速率最低，单位厚度沉积地层包含的时间最长，故沉积物中微量元素得以富集，丰度明显增加。Mn 的低峰值，是由于深水缺氧条件下锰溶解度增加所致。随着水深变浅，水体中氧化条件的出现，沉积物中锰的含量将较缺氧环境下明显增加。$\delta^{13}C$ 的低峰值，可能与密集段中富 ^{12}C 的、高有机碳含量的影响有关，而 $\delta^{18}O$ 的低峰值，反映了海平面的上升。

5）沉积岩密度

黏土矿物的骨架密度约为 2.7 g/cm^3，有机质密度接近 1 g/cm^3，通过系统测试发现，青山口组暗色泥岩密度和 TOC 含量呈现负相关性，TOC 含量值越大，沉积物密度越低，研究表明准层序底部有机质丰度最大，并逐渐减少，即密度显示出由小至大的变化趋势，在正常沉积下，暗色泥岩密度突然变小处为准层序界面。

6）测井特征

深水泥岩是由黏土矿物颗粒组成的，泥岩中的有机质可以有效地富集放射性元素，每期准层序底部有机质富集较高，对应着伽马值突然增加出现坎值，自然电位和密度测井曲线坎值一般也对应着每期准层序底部（图4-19）。

密集段的测井曲线特征具体表现为：① 高自然伽马（富含磷，海绿石的灰色泥岩或页岩）；② 低自然电位、低电阻标志层（反映比较纯的湖相泥岩的存在）；③ 位于向上变细到向上变粗测井响应的拐点处；④ 密集段形成于最大水进期，测井曲线稳定，具区域可比性。

此外还可以根据准层序和体系域的识别来确定密集段。在测井曲线和综合录井资料上，体系域的识别主要依据准层序叠加方式、砂泥岩比率变化、泥岩颜色等来判断，水进体系域内准层序组以退积型为主，向上泥岩比率高，泥岩颜色变深；高水位体系域早期准层序组以前积型为主，向上砂泥比增高，泥岩颜色变浅。密集段正好是在水进体系域晚期至高水位体系域早期沉积的地层，为退积型和加积型转换的过渡段。泥岩含量高，颜色深。

2. 密集段的识别方法

密集段的识别方法很多，针对不同的资料所选择的识别标志不同，所辨别的密集段的规模也相差甚远。

1）总有机碳含量（TOC）法

岩石中有机碳总含量是评价烃源岩有机质丰度的一项重要指标（运华云，2000）。沉积物中有机碳的含量与沉积物的物源、气候、生物原始生产率、表层水中溶解的 CO_2 浓度、水位波动等因素密切相关（余俊清，2001），湖相沉积中有机质含量随有机质堆积条件变化而发生波动现象（刘春蓬，2001）。

TOC含量受控于沉积物的沉积厚度与水缺氧界面处的沉积速率之比。在沉积过程中，一旦缺氧界面形成，则主控因素即为沉积速率（鲁洪波，1997）。沉积速率与TOC含量成反比关系。沉积速率较低时，还原作用相对较强，有机碳易于保存，则TOC含量高；沉积速率增大，湖盆水体变浅，稀释作用和氧化作用增强，TOC减小。沉积速率与湖盆的可容空间有直接关系，因此也与相对湖平面有关。在水进过程中，可容空间的迅速增长导致沉积物相对缺少而使有机碳含量迅速增长。如果相对湖平面高，那么向盆地方向的沉积速率就低。故TOC含量记录着沉积物沉积时水体变化的信息。

对于一个准层序单元来说（图4-20），在单元的底部TOC含量较高，向上逐渐减小。利用层序地层格架中TOC含量在垂向上的周期性变化，可以进行准层序的划分。在单一的层序地层剖面中，TOC含量的峰值与最大海（湖）泛面对应。最大海（湖）泛面以上，由于高位期大量陆源碎屑物质注入沉积盆地，导致TOC含量逐渐减小。最大海（湖）泛面以下对应于湖侵体系域和低位体系域沉积，在层序格架内低位体系域TOC含量在垂向上呈周期性变化。低位体系域和湖侵体系域初期海（湖）盆水体相对较浅，TOC含量也相对较低。这样，体系域界面对应于TOC含量的低谷。

图4-20　东营凹陷牛38井有机碳解释模型（汪涌等，2004）

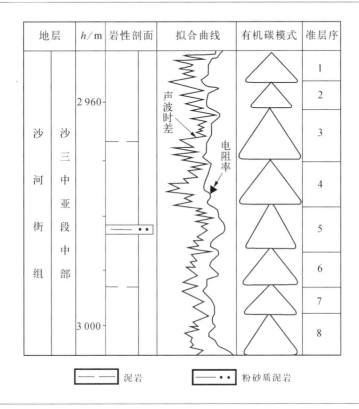

地层		h/m	岩性剖面	拟合曲线	有机碳模式	准层序

□ ── 泥岩　　□ ·· 粉砂质泥岩

测井曲线对泥岩地层中有机质丰度有较好的响应。Passey曾于1990年提出了利用Δlg R技术来评价烃源岩有机碳丰度，其原理是利用适当比例的声波时差和电阻率曲线叠合的幅度差来判断有机质的丰度。Δ代表幅度差，lg代表声波曲线，R代表电阻率。幅度差越大表明有机质的丰度越高，这是由于低密度（低速）的固体有机碳替换非有机质岩石基质的结果。泥岩中高的有机质含量会增大岩石的电阻率。此外，有机质转换成的烃类物质取代岩石孔隙中的水，这也将导致岩石电阻率的增大。有机质富集的层段声波时差值也相应地增大。因此，电阻率和声波时差曲线叠合后的幅度差的大小可以间接地反映出泥岩地层中有机质丰度的大小。利用该方法可以在钻井中观察到总有机碳（TOC）在垂向上连续变化的情况。

2）稀土元素（REE）法

在沉积物及沉积岩中，化学元素及其组合可以大致反映出沉积时的古环境。因此可以寻找一些对水深变化敏感的元素及其组合的规律，用于识别体系域。稀土元素是反映地质作用的一个很好的地球化学指示剂，它们不受成岩作用影响，在成岩过程中绝对丰度和相对丰度基本上不发生变化。地层中REE含量变化能够反映沉积环境，为地层划分提供有效信息。

在深水湖盆中，REE元素可与碳酸根离子形成相对稳定的可溶络合物，而决定水体中REE元素络合物含量的CO_3^{2-}含量主要与水深或压力有关。当压力增大时，水体中CO_3^{2-}含量溶解量增大。所以深水环境中CO_3^{2-}含量大于浅水中CO_3^{2-}含量，这就决定了深水环境中REE浓度远高于浅水中的REE浓度，且随深度增加而增大。水体深度与水体中所含的REE含量成正相关关系，故湖平面升降与沉积物中REE含量成正相关关系。因此可以用稀土元素含量的微小变化来进行深水环境的体系域划分。

3）测井曲线识别法

利用测井曲线的变化特征可以较好地识别包括最大洪泛面在内的短期层序界面，而密集段的发育常对应该层序。因此，利用多种测井曲线的变化特征是识别密集段的重要方法。

（1）泥岩声波时差法

泥岩主要由细小的黏土矿物颗粒组成，在沉积过程中随埋藏深度增加，将发生以压实作用为主的物理变化。在不同沉积时期，都会受到如构造变动、沉积物供给、气候等各种因素的综合影响，当这些因素发生变化时，会造成深水环境中沉积速率的差异。沉积速率差异是引起深水泥岩颗粒排列方式差异的主要原因。在沉积过程中，当沉积速率较慢时，有足够时间使得泥岩颗粒按最优化方式排列，颗粒与颗粒之间多为紧密接触，这使得孔隙度随埋深增加而下降；如果沉积速率较快，泥岩颗粒没有充分的时间去排列，则颗粒与颗粒之间多是杂乱接触，孔隙度随埋深增加而降低的速率较快（图4-21）。

图4-21 不同沉积速率条件下泥岩颗粒排列理想模型(Magara,1976)

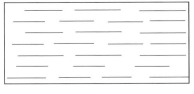

（a）沉积速率较慢　　　　　　　　　（b）沉积速率较快

根据声波时差测井的原理可知,声波时差的值是沉积地层中的岩性、物性(孔隙度大小、孔隙结构、裂缝密度和开启度等)以及孔隙和裂缝中的流体介质性质等因素的综合响应。在地层垂向剖面中,当这些因素发生变化时,声波时差的值也随之发生改变。一般情况下,泥岩的声波时差值随其埋藏深度增加而减小(地层压实程度增加),特别是当上述因素的变化不是按正常趋势变化时,声波时差随深度变化趋势线将出现异常。不整合及岩性对声波时差值的影响较为明显,应注意消除它们的影响。

假定在沉积物匀速供给条件下,发育湖侵体系域时,湖泊水体变深,对应沉积物的沉积速率由于水体对其能量的抵偿,其沉积速率相对较低;而在湖退体系域则刚好相反。湖侵体系域沉积速率多介于70～100 mm/ka,平均沉积速率约为90 mm/ka;而湖退体系域沉积速率则变化较大,从100～700 mm/ka都发育,平均沉积速率约为500 mm/ka。因此湖侵体系域沉积期有足够时间使得泥岩颗粒排列较紧密,而湖退体系域则反之。

（2）电阻率曲线倒数法

在砂泥岩剖面中,黏土和泥岩电阻率比较低而稳定,一般为1～10 Ω·m。其原因是它们的含水量可高达50%左右,加之补偿阳离子的导电造成电阻率较低。其电阻率曲线整体处于低值,反之砂岩则较高。当沉积环境改变导致岩性发生变化时,砂泥岩剖面电阻率曲线发生变化,可用此来辅助识别层序界面。但电阻率曲线在泥岩段受围岩等诸多因素影响时,其表现有时不稳定,尤其在最大湖泛面处,电阻率曲线整段呈现出低阻平值,无法较为准确地确定其最大湖泛面位置,解决的办法是对电阻率曲线取倒数,得到其电导率曲线,可改善电阻率曲线在泥岩段低阻平值现象。以鄂尔多斯盆地陕117井为例,将电阻率曲线RLLD转换为电导率曲线1/RLLD后,电导率曲线出现峰值,很好地改善了电阻率曲线的低值平滑现象,再结合自然伽马GR曲线特征,可很好地确定最大洪泛面位置(图4-22)。

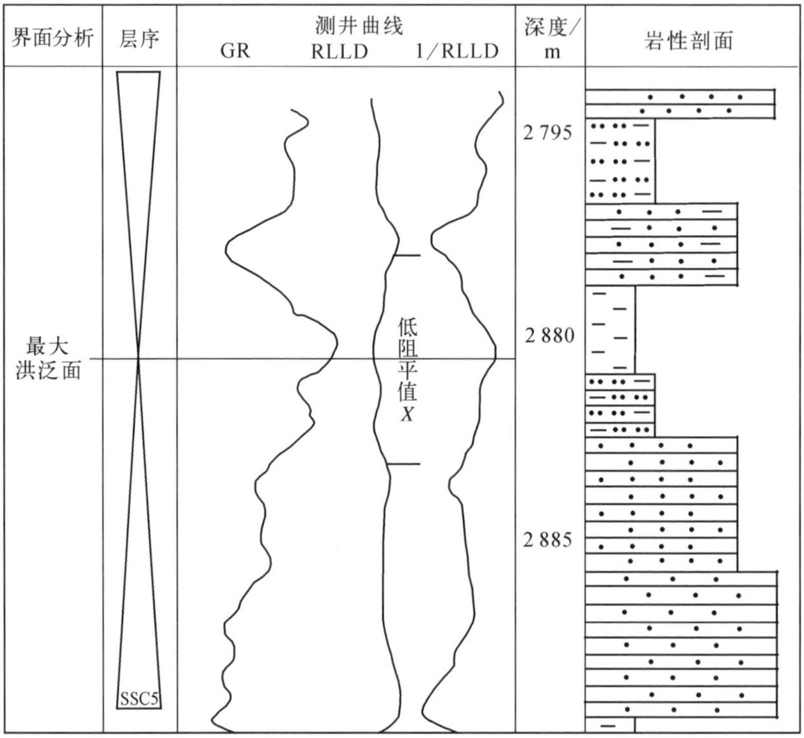

图4-22 鄂尔多斯盆地陕177井电阻率曲线倒数法识别层序界面(周祺等,2008)

（3）自然电位镜像法

自然电位曲线正负异常与渗透率密切相关,即可间接反映岩石的孔隙喉道与孔隙度情况。通常砂岩的孔隙度与连通情况与泥岩差异很大。因此,在层序界面上下自然电位曲线发生突变,常出现箱形、指形或钟形等特征。但在低孔低渗岩性剖面中,这种特征不是十分明显。榆林气田山西组2段的岩性剖面属此种情况。为了更好地应用自然电位曲线来识别层序边界和旋回,将其特征明显化,对自然电位曲线进行镜像处理,将自然电位曲线SP和其镜像曲线对应起来。以鄂尔多斯盆地陕211井为例,在层序界面附近,可更明显地看出电位曲线呈现出箱形、指形特征(图4-23)。同时,通过包络区域的变化来识别不同级别的旋回和层序界面则更直观、更实用。在

图4-23 自然电位镜像法识别层序界面(周祺等,2008)

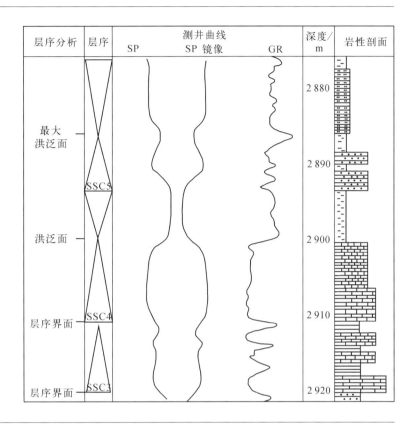

层序分析	层序	测井曲线			深度/m	岩性剖面
		SP	SP 镜像	GR		

实际应用中,最好能够结合自然伽马曲线和电阻率曲线。

(4)自然电位曲线和电阻率曲线组合法

在层序界面附近,自然电位和电阻率曲线都会因为沉积环境等因素的变化而引起曲线幅度、形态等特征(箱形、指形、钟形、漏斗形)的变化,利用这些变化可以在横向上和垂向上识别层序界面。同时,两条曲线可以相互参照应用。以陕143井利用自然电位和电阻率曲线形态特征相互参照识别层序界面为例(图4-24),在SSC3短期层序界面处自然电位曲线SP和电阻率曲线RLLD皆呈指形特征,在SSC3短期洪泛面下方电阻率曲线RLLD呈锯齿箱形特征,在SSC4短期层序界面RLLD呈光滑指型特征,在最大洪泛面上电阻率曲线RLLD与自然电位曲线即皆呈漏斗形特征。

4)Fischer图解法

Fischer图解法是Fischer在1964年研究奥地利三叠系潮坪碳酸盐沉积中的Lofter

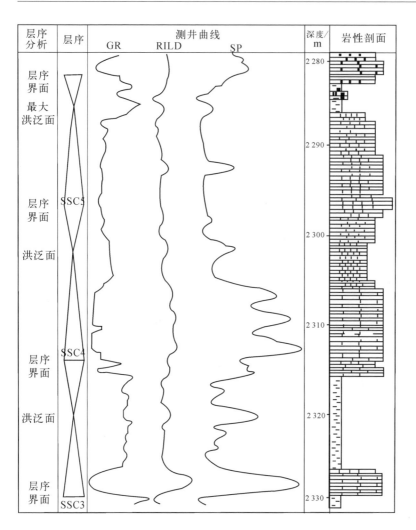

图4-24　自然电位与电阻率结合法识别层序界面

旋回时最早使用的方法。Fischer改变传统柱状图的作法，将旋回层及其厚度表示在以时间为横坐标，以空间为纵坐标的图上，这就是最早的Fischer图解。自Fischer以后，很多学者对Fischer图解的实用性、适用条件、纵横坐标轴的表示方法、旋回层数对图解影响进行了讨论。现今多采用纵坐标用累积厚度偏差，横坐标用旋回数的表示方法。

　　Fischer曲线的特征、绘制方法、使用时应注意的问题，以及如何修正压实效应的影响等问题，在许多文章中已经得到了讨论（Sadler，1993；胡受权，1999；苏德辰，1995；

翟永红,1999)。Fischer曲线的升降表示可容空间的变化,上升表示可容空间增大,下降表示可容空间减小。对于陆相湖盆,假定基底均匀沉降,可容空间的变化可以认为是湖平面升降变化所引起。湖平面上升,可容空间增大;湖平面下降,可容空间变小。这样,Fischer曲线的变化便反映了湖平面变化,即曲线的升降与湖平面的升降一致。

以东营凹陷牛38井为例,层序Ⅰ和层序Ⅱ的分界处,正好位于Fischer曲线的凹点处,符合程序边界识别方法(图4-25)。对于体系域的识别,在Fischer曲线上,斜率上升对应湖侵体系域,上升达到一定高值后斜率变化相对缓慢甚至下降为湖退体系域。此外还可以参考视电阻率曲线,在每一个体系域的变换处,视电阻率曲线都会发生"跳跃"现象。

图4-25 东营凹陷牛38井Fischer曲线(汪涌等,2004)

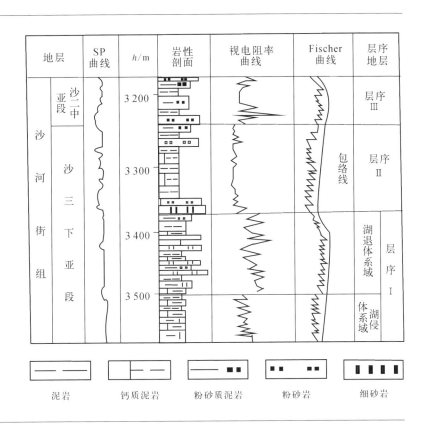

泥岩　　　　钙质泥岩　　　　粉砂质泥岩　　　　粉砂岩　　　　细砂岩

5)地震方法

地震方法识别层序和密集段的分辨率较低,通常只可识别三级或三级以上层序所对应的密集段。然而,由于地震剖面可以提供三维空间内连续追踪对比地下目的层的可能性,地震方法在密集段研究中起着重要的不可替代的作用。

在地震层序分析中,密集段识别主要有以下几种(图4-26):

(1)在层序内部有发育特征明显的下超面时,往往可构成一个较大的密集段。前积下超的存在,意味着前积层的前端及远端为沉积作用缓慢的细粒沉积物。

(2)退积结构是基准面迅速上升过程中其沉积物供应速率降低,沉积作用向陆地方向退缩而形成的,退积结构的底部和前端应是密集段和生油岩发育的区带。

(3)地震上超多为水域扩大过程中形成的,当水域扩展到最大时,上超点也向陆地方向延伸最远,此时盆地中心细粒沉积发育。

密集段有时可以在反射振幅上显示出来,如地震剖面上连续稳定的反射,但需要配合钻井的证实。

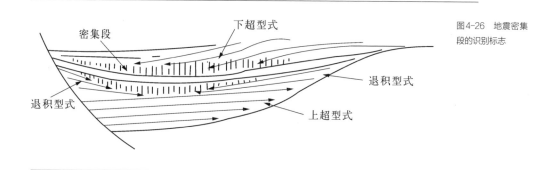

图4-26 地震密集段的识别标志

以四川盆地龙马溪组为例,四川盆地下志留统龙马溪组为一套黑色页岩沉积,是潜在的页岩气储层发育段。龙马溪组岩性主要为深灰色、黑色泥页岩,底部富含笔石,有机质含量较高。根据三维地震数据及5口探井的测井资料,伍梦婕(2013)采用全层位追踪对比解释方法对龙马溪组全部9个地震层位进行了追踪,自下而上依次命名为H1~H9。合成记录层位标定表明,H1和H9分别大致对应于龙马溪组的底界和顶界,均为区域性不整合面,解释为地震层序界面。此外,H3、H6、H7及H8也发育有明显的削蚀或上超等不整合反射终止特征,亦解释为地震层序界面。根据上述6个层序界面,将龙马溪组划分为5个地震层序,自下而上依次命名为地震层序1~5。

图4-27为过1~5井的连井地震剖面层序划分示意图。由该图可知,该区龙马溪组地层具有东南厚、西北薄的分布特点,且其内部每个地震层序的地层厚度亦由东南

向西北减薄甚至尖灭,表明当时的地貌背景为东南低、西北高,古水深为东南深、西北浅,盆地的沉积中心位于东南方。此外,从各地震层序的分布范围看,下部地震层序1的分布范围最大,地震层序2的分布范围最小,局限于5井所在的东南部地区,表明地震层序1沉积之后有一次大规模的海退事件;从地震层序2到地震层序5,每个地震层序的沉积范围逐渐向西北方向扩大,标志着总体的海侵趋势。因此,通过地震层序分析,可初步判断在龙马溪组的沉积时期,该区发生了两次较大规模的海侵-海退旋回,且地震层序1形成于最大规模的海侵时期,因此推测密集段位于地震层序1的中下部。

图4-27 过1～5
井的连井地震剖面
层序划分示意图

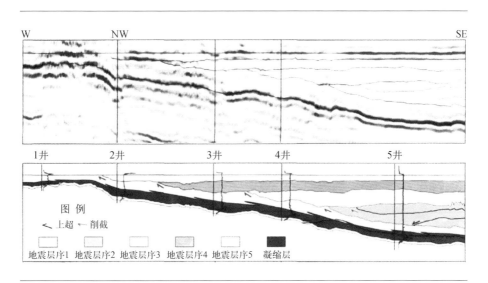

4.2.2　　密集段的沉积特征

Vail经典的层序地层模式表明在层序地层格架内地层岩相组合是可以预测的。一般TST和HST早期(E-HST)主要发育富泥相,LST和HST晚期(L-HST)主要发育富砂相(图4-28),因此TST和HST对密集段的发育至关重要。

此外,富有机质泥页岩在常规油气勘探中常作为烃源岩出现,因此,常规油气勘探中利用体系域预测有利烃源岩发育特征的方法,对密集段的沉积环境有重要的参考意义。

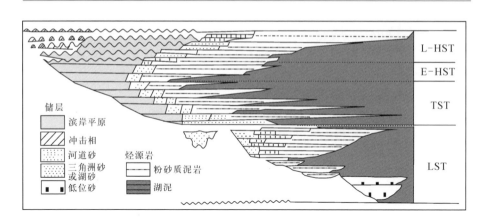

图4-28 三级层序的层序构型与地层岩相组合关系

储层

▨ 滨岸平原
▨ 冲击相
▨ 河道砂
▨ 三角洲砂或湖砂
▨ 低位砂

烃源岩

— 粉砂质泥岩
■ 湖泥

L-HST
E-HST
TST
LST

1. 海相沉积环境

海相沉积盆地中,被动大陆边缘拉张构造背景盆地、内克拉通和弧后盆地是海相烃源岩最为发育的地方。在构造活动收缩期和广泛的冰期,即石炭纪和二叠纪,海相烃源岩相对不太发育。

层序地层学为确定烃源岩的分布提供了一个有效的成因地质框架。然而仅仅根据体系域或地层的几何形态是难以预测烃源岩分布的,这是因为烃源岩的分布受多种因素的影响(图4-29),如盆地地形、气候、陆源有机质产率,海洋水深、海洋有机质的产率、海洋水体环境和沉积速率和水深。陆源有机质产率主要影响了滨岸和三角

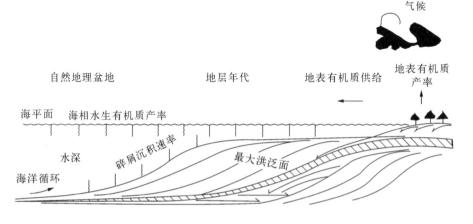

图4-29 影响沉积物有机质丰度的因素(Myers, 1996)

洲平原环境中煤和煤系沉积物的发育。供给于海洋的陆源有机质形成速率主要受控于植被生态系、沉积物粒度以及距岸线的距离。在前泥盆纪,陆源有机质的产率是可以忽略的,在三角洲平原沼泽等细粒沉积物中,陆源有机质含量很高,随着搬运距离和水深的加大,陆源有机质的供给降低,但在陆棚边缘和斜坡及峡谷地区,由于三角洲和重力流作用,有机质含量可以很高。总的来说,随着水深增加和距岸线距离的加大,海洋藻类有机质的供给随之降低,在地质历史时期,海洋烃源岩,即富有机质页岩发育的高峰期是在晚泥盆世、晚侏罗世至白垩纪,这与一级海平面变化旋回和板块构造运动强烈活动期是一致的(图4-30)。

下面将分别讨论在一个相对海平面变化旋回中的各体系域烃源岩的发育状况。

在低位体系域沉积早期,陆棚和斜坡上部均为沉积物过路地带,难以形成煤的聚集,陆源有机质易遭氧化。陆源有机质的分布仅限于盆底扇沉积物中。低位楔状体可发育煤系沉积,但分布范围仅局限于深切谷附近。因此,在整个层序中,低位体系域最缺乏有远景的烃源岩及盖层。

海侵体系域发育期间,岸线向陆后退,浅海陆棚沉积范围不断增大,陆源碎屑物质供给降低,沉积速率降低,从而形成了凝缩层。此时最易形成细粒沉积物,细粒岩石即可形成富有机质页岩。Creaney等认为(1993),较低的沉积速率和沉积界面处的贫氧环境,影响了烃源岩的TOC。一旦确立了缺氧环境,沉积速率即成为控制TOC值大小的主要因素。若可容空间不断加大,沉积速率不断降低,则细粒沉积物的TOC值就会不断增大。显然,一个层序中细粒沉积物的TOC最大值应与最大海泛面对应的沉积层段密集段相对应。Creaney利用一个假想层序阐述了细粒沉积物与层序地层格架之间的关系(图4-31)。图4-31中层序底界为Ⅰ型层序界面,上覆一个低位楔(A以下部分)、海侵沉积(A至C)和高位沉积(C至E),接着是层序顶界面(E)和第二个低位楔(F)。在图4-31中的垂向剖面处用声波和电阻率曲线的叠合异常来表示有机碳的相对丰度,即分离越大则TOC值越高。剖面位置①处于缺乏陆源碎屑供给的盆地最内部,整个层序细粒沉积物的TOC值均较高,但以最大海泛面对应的密集段TOC值最高(B至C)。对于剖面位置②和③来说,由于陆源碎屑供给相对较多,TOC值相对较低,但每个进积单元的下部较上部具有较高的TOC值,这是由于后期沉积物供给不断增加造成的。

源岩随时间的变化

图4-30　地质历史时期烃源岩的分布（Myers，1996）

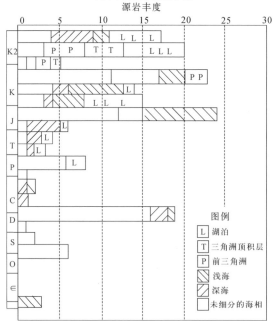

AGE	构造		海平面	气候	生物
	挤压作用	裂谷			
T	自印度向亚洲	红海弧后裂谷	高	冷	生油陆生植物
K		劳亚大陆和冈瓦纳大陆的分离	低	暖	
J					
Tr		劳亚大陆和冈瓦纳大陆的裂开			
P	泛大陆形成			冷	(生气)陆生植物的演化
C					
D		陆内裂谷	高		
S					
O					有限的生油藻类
∈			低		
P∈	泛非洲大陆	陆内裂谷			

不同年代源岩沉积环境

源岩丰度

图例

- L 湖泊
- T 三角洲顶积层
- P 前三角洲
- 浅海
- 深海
- 未细分的海相

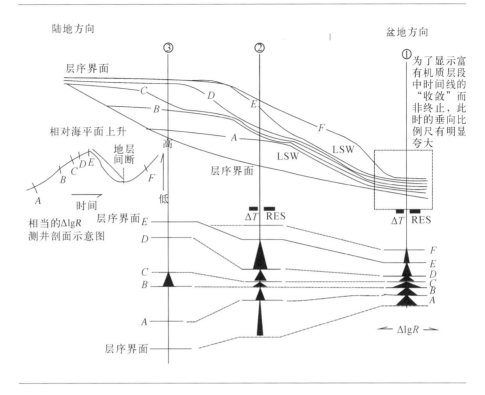

图4-31 表 示
细粒沉积物有机
碳总量的假想层
序(Creaney等,
1990)

在高位体系域沉积中,斜坡和盆地细粒沉积物均可作为烃源岩。三角洲平原分
支河道间、煤沼环境沉积物也可构成潜在的烃源岩。

2.陆相沉积环境

在陆相湖盆中,密集段多发育在层序的湖进体系域和高位体系域的早期。这
是由于凝缩段的形成与湖平面最大上升速率有关,即与湖平面升降曲线的上升拐点
(R)相对应,并非与湖平面升降曲线的最高点(H)相对应。亦即,凝缩段并不是形成
于最大湖泛时期(H点附近),而是形成于湖平面上升速率达到最大值时期(R点附
近)。从凝缩段的形成机理和几何构型上来看,密集段应归属于高水位体系域,其底
界面(B.C.S.)可作为TST 与HST 之间的分界面。

下面将分别讨论在一个湖平面变化旋回中的各体系域烃源岩的发育状况。

在某些拗陷型陆相湖盆中,可以依据多种标志确定首次湖泛面和最大湖泛面的
位置,进而在拗陷型湖泊层序中分别识别出低位、湖侵和高位体系域(图4-32)。

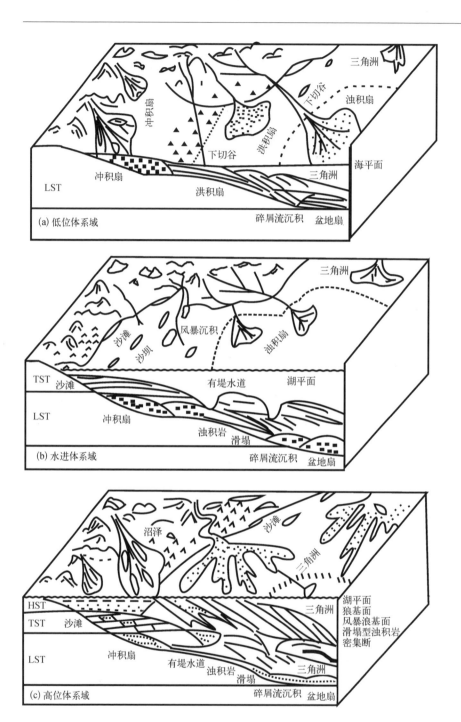

图4-32 松辽
盆地拗陷型湖
泊体系域特征
（魏魁生，1996）

低位体系域是在湖平面下降速率大于盆地构造沉降速率时,湖平面下降到较低部位,以至于连成一片的水体出现分隔状态时形成的体系域。在低位湖平面一侧,出露地表的盆地缓坡发育冲积扇、河流沉积,可形成深切谷;在低位湖岸线附近可出现小规模的三角洲或扇三角洲沉积;而在低位湖盆水体中,可发育由洪水作用形成的洪水型浊积扇或由三角洲前缘滑塌形成的浊积扇,进而构成类似于具陆棚坡折海相盆地低位体系域的盆底扇、斜坡扇、低位楔状体及陆上暴露不整合界面(图4-32)。

湖侵体系域是在气候温暖潮湿、洪水频繁发生、湖平面升降速率大于沉积物供给速率或由于盆地基底快速沉降、可容空间不断增大的情况下形成的。湖侵体系域可形成于两种沉积背景。一是湖平面缓慢上升,可容空间增加的速度略大于沉积物供给的速度,此时发育滨浅湖滩坝沉积体系-水进型三角洲沉积体系;二是湖平面快速上升,可容空间增加的速度明显大于沉积物供给的速度,盆地处于缺氧饥饿状态,此时,可发育洪水型浊积扇、广泛分布的较深水暗色泥岩以及可能的湖侵期碳酸盐岩(生物碎屑灰岩)(图4-32)。

高位体系域是在湖平面上升速度变缓、保持静止不动和开始下降时期形成的。此时沉积物的供给速度不断增加,因而可容空间逐渐变小,形成了一系列进积式沉积。在高位体系域发育的早期,可容空间仍旧较大,因而携带陆源碎屑物质的洪水入湖后快速沉积,形成浊积扇。但是,高位体系域中最典型的沉积体系是水退型三角洲沉积。由于湖平面相对下降,可容空间减小,三角洲快速向湖盆中央推进,在其前方可发育三角洲前缘滑塌成因的浊积扇。到了高位体系域发育的晚期可出现河流和冲积扇沉积。

国内众多学者探讨了层序格架与烃源岩的关系,指出烃源岩在层序地层格架中的分布规律,只是没有系统使用层序构型的概念。刘震等(2007)指出,湖侵体系域的底部、中部和上部以及高位体系域底部都可以成为陆相湖盆有利烃源岩的发育层段。邬长武和刘震(2000)进行塔东北地区侏罗系烃源岩评价时指出,侏罗系层序烃源岩处于未成熟-成熟阶段,低位及高位体系域烃源岩有机质丰度过低,生烃能力较差;湖侵体系域烃源岩丰度较高,以中等生油岩、好生油岩及煤岩为主,生烃能力较好。杨建业等(2000)指出,各类沉积有机相在层序地层格架纵向上以湖侵体系域为中心对称分布,生烃能力最强的烃源岩出自湖湾-半深湖有机相,其位置一般出现在湖侵体系域中部,向上向下烃源岩生烃能力依次变差。刘洛夫等(2002)认为,在一个层序中,凝缩段的有机碳丰度明显高于湖进体系域段和高位体系域段,即凝缩段有利于烃类的生成。烃源岩的生烃条件的好坏受控于沉积环境的水深,水深较大的半深湖-深湖相沉积比水体较浅的滨浅湖相沉积要好,而滨浅湖相沉积又比河流相、泛滥盆地、三角洲、沼泽等的沉积(如湖进体系域段和高位体系域段)要好。赵彦德等(2008)在进行南堡凹陷古近系层序地层格架中烃源岩分布与生烃特征研究时指出,湖扩展体系域和早期高位体系域的烃源岩有机质丰度高、类型好、生烃组分富集、质量最好,发育的暗色泥质沉积是沉积层序中最有利于烃源层发育的部分,低位体系域则较差。于炳松和周立峰(2005)指出,塔里木盆地寒武-奥陶系各类烃源岩的发育在层序地层格架中存在着一定的规律性,泥质烃源岩与不同级别层序的密集段(C.S.)相对应。

凝缩段底界面(B.C.S.)作为体系域界面,表现为在诸多湖相泥质岩夹层中已达最厚,并直接覆于水进体系域(TST)之上;沉积相向盆缘迁移及湖岸线上超达到最远,且近于停滞。就陆相层序二元结构而论,凝缩段是其重要的界面,凝缩段之下为退积型层序单元,其上为进积型层序单元,凝缩段的中间面(M.C.S.)是层序二元结构的真正分界面(图4-33)。

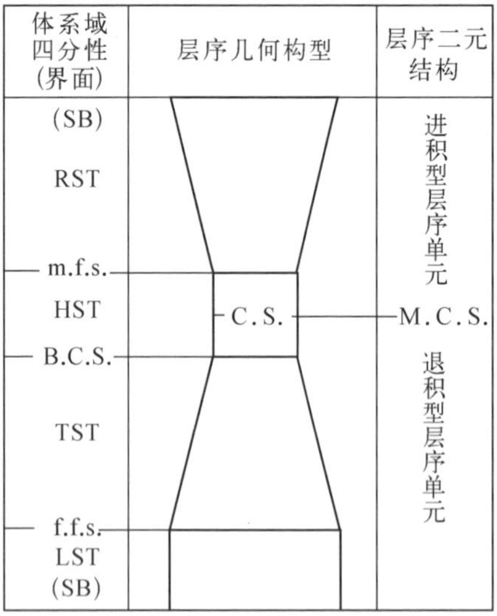

体系域四分性(界面)	层序几何构型	层序二元结构
(SB)		进积型层序单元
RST		
m.f.s.		
HST	C.S.	M.C.S.
B.C.S.		退积型层序单元
TST		
f.f.s.		
LST (SB)		

图4-33 泌阳断陷湖盆陆相层序体系域界面模式(胡受权,1998)

在陆相盆地中,由于构造沉降、湖水进侵,地下水位的上升,随湖区可容空间的扩大,粗粒物质沉积区可以向物源区后退造成湖区沉积细粒物质,主要为灰色薄层泥岩,而在湖区以上地区,则因水位及基准面上升,河流改道等造成陆上区域大面积的沼泽化,形成泥炭,经压实,煤化形成煤。因此在陆相盆地中凝缩段的标志除岩性、古生物、分布的稳定性以外,煤层及旋回顶部的泥岩也可作为凝缩段的重要标志(图4-34)。李思田等(1992)研究了鄂尔多斯盆地,认为湖进层与煤层紧密相伴,煤层及其以上细粒泥岩是湖进最大时期的沉积,可作为凝缩段标志。

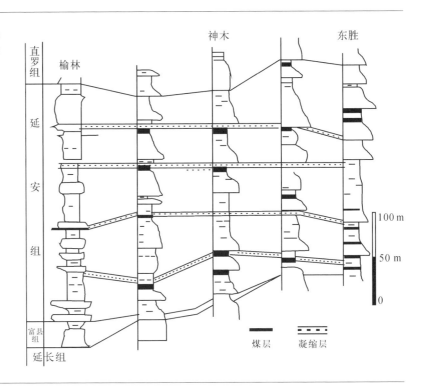

图4-34 鄂尔多斯盆地东缘延安组含煤地层中的凝缩层(顾家裕,1995)

4.3　富有机质页岩层系的等时地层对比

年代地层单位是指在特定地质时间间隔内形成的岩石体。其顶底界面都是以等时面为界的,因此,这种地层单位及其界面是等时的。层序地层学就是根据露头、钻、测井和地震资料等,结合有关沉积环境和岩相古地理解释,对地层层序格架进行地质综合解释的地层学分支学科。层序地层学的解释过程建立起一个旋回式的、在成因上有联系的年代地层格架,这些地层以侵蚀作用或者无沉积作用造成的不连续面为界,或者以与这些不连续面可以对比的整合面为界。在这个年代地层格架中,其解释过程得出沉积环境及其有关的岩相分布。这些岩相单元可以限定在以层面为界的等时间段内,也可以是高角度跨越层面的穿时间段。

4.3.1　层序地层对比思路

1.地层对比的实质

层序地层对比的基础是地层划分,即将研究区内的钻井地层剖面根据地层接触关系、沉积层序或旋回和岩性组合等特征细分成不同级次的地层单元,并建立全区各井间各级地层单元的等时对比关系,在研究区内实现统一分层。地层划分的理论体系和方法在常规油气的勘探中的应用已十分成熟,各勘探程度高的油田基本已建立了各区的地层格架,完成或已展开常规油气储层的地层对比。对于富有机质页岩层系的地层对比而言,已有油气勘探资料对烃源岩的地层对比工作具有重要意义。

地层对比的实质就是在未知井中找出与已知井相对应的地层。井下地层对比是油气田开发地质工作的基础。无论是对地层特性的了解,还是对岩层层面的空间构造形态研究,都要在地层对比的前提下实现。

地层对比是地层分析的基础工作之一。在油藏描述中,应用多井测井评价进行油田研究的最终成果的质量,在很大程度上取决于井与井间的地层对比工作。通过地层对比可以了解地层的层序、岩相及层厚度变化;弄清断层与不整合接触关系;研究储集层在整个油田上的纵向、横向变化规律,查明油层的分布及其连通情况,为寻找有利的含油气区块与合理开发油气田提供依据。同时,通过地层对比详细地了解储集层的岩性、岩相特征,也为更客观地选择测井解释模型、解释方法和确定解释中的基本参数,进行最佳测井评价创造了条件。因此在多井评价中,地层对比是获得好的油田研究成果的关键之一。

2. 地层对比的层次

地层对比工作按研究范围分世界的、大区域的、区域的和油层对比四类。前两类是以古生物群、岩石绝对年龄测定和古地磁等方法为主的大区域对比方法,属于地层学的研究范畴。区域地层对比是指在一个油区范围内进行全井段的对比,而油层对比是指在一个油田内含油层段的对比,它们是油气田勘探阶段和开发初期经常研究的内容。

单个盆地中地层对比和盆地之间地层对比程序分别如图4-35所示。

图4-35 单个盆地中地层对比和盆地之间地层对比程序

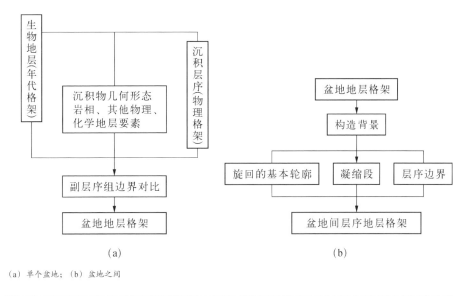

(a) 单个盆地; (b) 盆地之间

以油气勘探为依托的富有机质页岩层系地层对比即属于区域地层对比范围内。该类地层对比是以单井地层剖面的正确划分为依据,因此单井的地层划分又是对比的基础。

4.3.2 等时地层对比方法

高分辨率层序地层对比是同时代的地层或界面之间的对比。Cross(1994)认为,在成因层序的对比中,基准面旋回的转换点,即基准面上升到最大位置折向下降时或基准面下降至最低点开始上升时,可作为时间地层对比的优先位置。基准面上升到最大位置折向下降时,转换点表现为湖泛面,连续性较好,一般取自然伽马最大值对应的那一点;基准面下降至最低点开始上升时,转换点表现为层序界面,一般来说为侵蚀冲刷面,因为转换点为可容空间增大到最大值或减小至最小值的单向变化的极限位置,也即基准面旋回上升和下降的二分时间单元的分界点。转换点在地层记录中有时候表现为连续沉积,有时候表现为地层不连续面,所以一个完整的基准面旋回可以由代表二分时间单元的岩层组成(完整的对称型旋回),也可以由单个时间单元的岩层与代表侵蚀作用或无沉积作用的间断面组成。因而了解地层过程中的沉积学响应特征,成为分析岩层与岩层的对比、岩层与界面或界面与界面对比的关键。

1. 地层对比的依据及方法

地层的岩性变化,岩石中生物化石门类或科、属的演变,岩层的接触关系以及岩层中含有的特殊矿物及其组合等,都客观地记录了地壳的演变过程、涉及范围和延续的时间,这为分层以及把研究区内相距很远的地层剖面有机地联系起来,提供了可能性与现实性。地层对比方法包括岩性对比、岩相对比、古生物组合对比、重矿物组合对比、构造对比等多种方法,实际应用中应根据具体情况进行选择,合理利用已有资料建立地层层序格架。

Wallier等(1980)指出大陆边缘层序的地层对比,单靠生物地层学是难以解决的。大陆边缘剖面的区域性和区际对比必须结合沉积层序(物理格架)以及生物地层(年代格架)的分析来进行。不同盆地之间的对比,也必须首先考虑以上总体原则,同时应该注意对比中各标志、要素运用的可操作性。

无论是盆地内部还是盆地之间的地层对比,其基本方法主要都是以下5种。

(1)岩性对比

岩性对比的基础是沉积成层原理以及在沉积过程中相邻地区岩性的相似性、岩性变化的顺序性和连续性。

利用岩石的颜色、成分、结构、沉积构造和旋回性等特征进行岩性分层,进而进行井间地层的对比,这是小范围内常用的对比方法。

岩性对比主要依靠测井资料进行。岩性变化必然导致测井曲线的差异,因此,可以利用测井曲线间接地进行岩性对比。测井曲线对比,是根据同层相邻井曲线的相似性,或根据几个稳定的电性标志层作控制,且考虑到相变来进行的。

利用测井曲线进行地层对比的优越性在于:它提供了所有井孔全井段的连续记录;它的深度比较正确,并能从不同侧面反映岩层的属性。常用的对比曲线包括视电阻率曲线和自然电位曲线或自然伽马曲线。

富有机质页岩的测井曲线特征主要表现为:① 高自然伽马(富含磷,海绿石的灰色泥岩或页岩);② 低自然电位、低电阻标志层(反映比较纯的湖相泥岩的存在);③ 位于向上变细到向上变粗测井响应的拐点处;④ 密集段形成于最大水进期,测井曲线稳定,其区域可比性。

(2)岩相对比

在同一时间的层段中,相邻井所处的沉积环境是相似的,在成因上是相互联系的。为此,要观察与收集岩心的环境标志,建立微相剖面,并且利用能反映岩性组合特征的曲线,划分地层层段,进行井间岩相剖面的对比。该对比适用于岩性和厚度变化剧烈、有不整合以及经受过强烈构造运动的地区。

(3)古生物组合对比

研究岩心(或岩屑)剖面上生物(包括微体或超微体生物)组合的演变,根据古生物组合划分地层单元。它是对比的有力根据,在建立分层的时间概念上极为重要。

(4)重矿物组合对比

与古生物组合对比相似,按重矿物组合的变化分层。重矿物对比有助于对古地理的了解,特别是物源区的识别。

(5)构造对比

地层之间的构造接触关系,例如不整合和假整合标志,因其具有区域特征,可用来划分地层和进行对比。

2. 地层对比的步骤

以岩性法为例,主要应用沉积成层原理以及考虑在沉积过程中相邻地区岩性的相似性、岩性变化的顺序性和连续性。

1)明确对比标志

地层对比的标志包括标准层和等时面两类。

（1）标准层

地层剖面中，具有固定层位，特征明显，在一定范围内能追踪的岩层或岩层组。标准层的识别条件包括：岩性特殊，电性特征明显；各单井内同时沉积，具备等时面意义；区域分布广泛，岩性稳定，同时厚度不大，易于识别。

例如：① 膨润土层：测井曲线为高电阻率、高自然伽马值；② 碎屑岩中夹有的致密薄层灰岩：高电阻率值；③ 煤层：高电阻率、高自然伽马值。

地层对比首先是标准层的对比。显然，在剖面上标准层越多，分布越普遍，对比就越容易进行。有的标准层分布范围小，岩性或电性不太稳定时，可以选作辅助标准层，或作为小范围标准层。

（2）等时面

地层剖面中，能反映地层是同时沉积的界面。等时面的特征包括：① 等时面不等同于岩性界面，等时面可穿越岩性界面；② 时间标准层的顶界或底界是等时面；③ 等时面越多，地层划分时越不易发生穿层；④ 标准层追踪，必须和地震剖面结合；⑤ 等时面与岩相界面可以相交或重合。

时间标准层代表等时面。为了便于对比，应在剖面中找出尽可能多的等时面，要求它们在岩性上或者在测井曲线上容易识别，分布广泛，岩性稳定。

（3）沉积旋回的确定

沉积旋回指在沉积剖面上岩性（粒度）有规律的变化。由下而上岩性由粗变细的称为正旋回，反之称为反旋回。造成旋回的原因，有的是由于地壳周期性升降运动所致，它的影响范围大；也有的是由于沉积物堆积速度超过地壳下降幅度所致，其影响范围较小，如砂体前积会造成反韵律的剖面特点。区域地层对比主要用大型（或高级次）的沉积旋回作为对比的依据。

（4）特殊岩性层段的确定

特殊岩性段可以作为对比过程中大套控制的依据。要求其在剖面上分布稳定，录井标志及曲线特征清楚，如碎屑岩剖面中的膏盐段或油页岩及钙质页岩段等。

值得一提的是，富有机质页岩就是需要确定的特殊岩性层段，其识别特征明显，易于进行对比，在建立区域地层格架的同时，可以为其自身的等时地层对比奠定基础。

2）典型井（或典型井段）的选择

地层对比是以单井地层剖面的正确划分为依据的，因此单井的地层划分又是对比的基础。

在地层对比过程中，应尽量使典型井位置居中。典型井揭露的地层应齐全，而且有较全的岩心录井资料，包括古生物和重矿物分析成果，同时测井资料齐全。典型井是地层对比时的控制井，因此十分重要。

3）骨架剖面的建立

骨架剖面应通过典型井向外延伸，一般先选择岩性变化小的方向，易于建立井间相应的地层关系。然后从骨架剖面向两侧建立辅助剖面以控制全区。

对比时首先将井位、井深按比例画出，当井距变化很大时可以变比例尺或采取等间距。其次，将分层界限和岩性画在井身剖面上，特别要标出时间标志层、旋回层及特殊层段。最后，将相应的标志层、旋回层和特殊层段用对比线相连。

4）面积控制及地层分层数据表

以骨架剖面上的井作为控制，向四周井作放射井网剖面，同时进行地层对比。或者采用面积闭合的方法进行地层对比，使分层的闭合误差达到最小。对比结束后，应统一各井的分层数据，作为地层研究的基础资料。

5）对比过程中的地质分析

根据沉积盆地沉积成层原理，井间各层对比线的变化应该是协调的。出现异常有可能是由于分层错误或地质现象造成的。经常出现的异常井段有两类：一类是沉积层序问题，即地层层序出现重复、缺失或层序倒转，这类地质现象均与构造运动有关。另一类问题是对比中厚度有异常的变化（在对比时可采用由正常井段逼近异常井段的方法，找出断缺或重复井段。由沉积引起的厚度变化，在对比时将相应层段仔细分析后，往往可发现厚度的变化应考虑到井间岩性变化）。

总之，在对比过程中如发现异常的对比线，应认真分析，要求经过修正后，应使面积闭合是有规律的。此外，在连接对比线时，必须尽可能使误差达到最小。

3. 对比实例

1）塔里木盆地石炭系卡拉沙依组砂泥岩段地层对比

卡拉沙依组作为塔里木盆地石炭系主要含油气储集层段之一，其砂泥岩段已具有明显的油气勘探潜力。许璟等（2012）通过分析、对比全盆地不同地区卡拉沙依组砂泥岩段钻井剖面，对该段在盆地跨不同构造区带的地层对比及其与相邻层段的接触关系进行了研究；在此基础之上，通过岩心沉积微相分析、沉积相剖面对比、沉积相平面对比等方法，并结合古盐度分析的约束，对盆地台盆区卡拉沙依组砂泥岩段的沉积相类型及其展布特征进行了分析。

塔里木盆地石炭系卡拉沙依组上覆小海子组顶灰岩段，下伏巴楚组标准灰岩段，自上而下依次划分为含灰岩段、砂泥岩段和上泥岩段。许璟等（2012）的研究目的层虽为卡拉沙依组有利储集层段的砂泥岩段，但其亦对下伏上泥岩段进行了研究及对比（图4-36）。

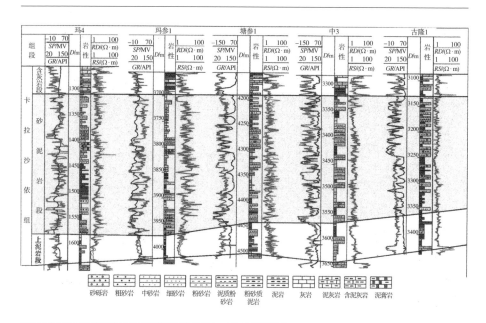

图4-36 玛4-玛参1-塘参1-中3-古隆1井卡拉沙依组上泥岩段地层对比剖面

上泥岩段与上覆砂泥岩段整合接触，但由于砂岩、沙砾岩、泥岩等不同岩性薄互层而造成的自然电位、自然伽马曲线高低频繁交替，因此两者在测井曲线特征上易于识别。上泥岩段自然伽马较高且较平直、自然电位接近泥岩基线且平直，上覆砂泥岩段则自然伽马、自然电位背景值偏小。

2）塔里木盆地二叠系南闸组地层对比

塔里木盆地二叠系南闸组在全盆范围内岩性较稳定，以大套中-薄层状灰褐色、灰色泥岩夹灰色、褐色粉-细砂岩及灰色泥灰岩、灰岩为主。南闸组塔西南深水陆棚相暗色泥岩厚度大于100 m，具有较好的生烃能力。郭倩等（2011）对南闸组地层重新进行了划分。

南闸组底界与上石炭统小海子灰岩平行不整合接触，顶界与上覆库普库兹曼组基性火山岩（玄武岩或凝灰岩）接触，易于区分。南闸组测井识别特征为：呈加积式或无旋回特征，自然伽马包络线平直；与其上覆沙井子组砂泥岩相比，火山岩和含灰岩的南闸组速度整体偏大（刘辰生，2009），声波曲线背景值偏小；泥岩与灰岩薄互层造成声波曲线呈中幅齿状频繁交替（图4-37）。

塔里木盆地南闸组主要具以下几种沉积相类型：深水-半深水陆棚相、浅水陆棚、混积滨岸相、滨海-三角洲相以及河流相。由连井地层剖面图可以看出，研究区自西向东粒度变粗，沉积相由海相逐渐过渡为陆相（图4-37）。

南闸组暗色泥岩具生烃潜力，样品测试结果较好，麦4井二叠系暗色泥岩TOC最高达3.32%，平均值为1.04%，氯仿沥青"A"质量分数为0.023 3% ～ 0.170 1%，干

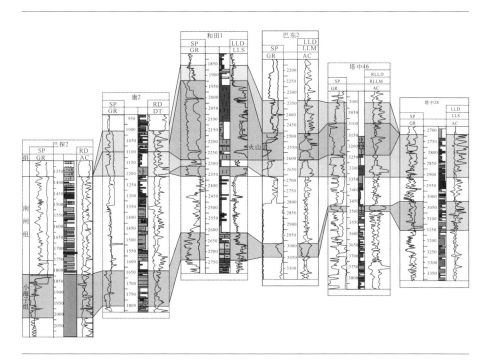

图4-37 塔里木盆地巴探2-康2-和田1-巴东2-塔中46-塔中28井南闸组地层对比剖面图

酪根类型以Ⅲ为主，R_o值为0.89%～1.27%（中石化，2000），符合富有机质页岩定义，故南闸组地层对比可作为富有机质页岩层系等时地层对比的范例。

3）鄂尔多斯盆地长8-长6沉积体系地层对比

延长组是鄂尔多斯盆地进入内陆湖盆以来沉积的第一套生储油岩系，也是盆地南部最重要的勘探层位。延长组沿用传统的划分方案，自下而上分为5段10个油层组。

长7油层组底部为一套半深湖的棕色油页岩，俗称张家滩家页岩，是本区的一套重要烃源岩，电性特征明显，具有"三高一低"的特点，即高自然伽马、高声波时差、高电阻率和低密度。中部为浅湖相的黑色、灰绿色泥岩夹薄层的浅湖砂岩。上部为三角洲前缘及前三角洲的灰白色细砂岩与灰绿色、灰黑色泥岩的互层。进入长7期，湖盆快速下沉，为延长组最大湖侵期，湖盆范围较长8期明显扩大，水体变深。

长7油层组张家滩页岩是延长组地层划分的重要标志层。张家滩页岩是鄂尔多斯盆地进入三叠系以来规模最大的一次湖侵的产物，位于长7油层组的底部，在镇径地区、甚至整个盆地南部稳定存在着（图4-38）。广义的张家滩页岩指长7油层组底部的黑色泥岩、页岩、凝灰质泥岩和油页岩，而狭义的张家滩页岩指长7油层组底部的油页岩。电性特征非常明显，具有"三高一低"的特点。张家滩页岩是划分长7和

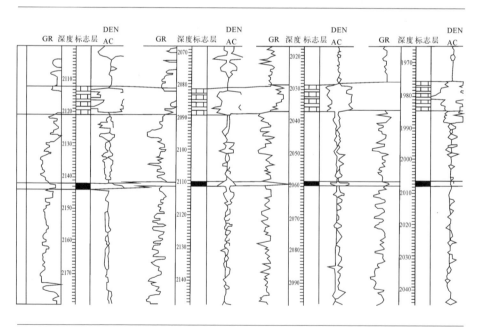

图4-38　镇探4井、红河9井、红河7井、红河10井张家滩页岩对比图

长 8 油层组的标志。

根据对鄂尔多斯盆地南部镇原、径川区块长 8-长 6 地层的详细研究,在沉积演化序列中可以识别出 4 种类型的不同发育规模和时间跨度的层序(表 4-2)。

表 4-2 鄂尔多斯盆地延长组高分辨率层序地层划分对比表

地层系统		高分辨率层序地层格架			
组	油层组	SLSC	LSC	MSC	SSC
延长组	长 4+5	SLSC1	LSC3		SSC8 SSC7 SSC6 SSC5 SSC4 SSC3 SSC2 SSC1
	长 6			MSC7 MSC6 MSC5	
	长 7		LSC2	MSC4 MSC3	
	长 8			MSC2 MSC1	
	长 9		LSC1		
	长 10				

4 种界面所限定的各级基准面旋回,均发育有相当规模的湖泛面,各级次湖泛面均为暗色的泥岩,但不同级次的层序中,与湖泛面有关的泥岩所处沉积微相不同,故其厚度和颜色均有较大的差别。特点是低频旋回中发育的湖泛泥岩沉积厚度大,相类型稳定,颜色相对较深,以深黑色为主,其等时对比性强,但时间跨度较大;而高频旋回中发育的湖泛泥则刚好相反,沉积厚度变小,甚至缺失,相类型不稳定,颜色变浅,以灰绿色为主,其等时性也受到限制,但时间精度较高。从整体上讲,各级次旋回的顶底界面往往具有不同程度的不完整性,洪泛面具有相对较好的等时性和区域对比的意义,因而在实际工作中,通常以洪泛面作为重要的等时对比界面标志。

镇原、径川地区延长组长 10-长(4+5)为一个完整的超长周期基准面旋回。相当于 Vail 的Ⅲ级层序组,是以盆地演化阶段为单位的构造充填序列。此超长周期基准面旋回的层序底界面为不整合界面,与纸坊组以不整合接触,表现为沉积物向盆地边缘方向上超,湖岸线不断向陆地方向迁移;层序顶界面亦为不整合界面,与延安组以不整合接触,由于构造的抬升,该区缺失长 1、长 2、长 3 及部分长(4+5)地层。超长周期基准面旋回的层序界面发育规模较大,可以在整个盆地进行追踪对比。湖泛面为长7底的深黑色张家滩页岩,也为区域性烃源岩。

延长组长10–长(4＋5)分为3个长期基准面旋回(LSC1～LSC3),相当于Vail的Ⅲ级层序。LSC1、LSC2、LSC3分别对应于地层系统中的长10＋长9、长8＋长7和长6＋长(4＋5)。长期基准面旋回为一套具较大水深变化幅度的、彼此间具成因联系的地层所组成的区域性湖进–湖退的沉积序列。

LSC1层序的底界面为延长组与纸坊组的不整合面,底部发育棕红色、杂色的厚层中–细粒砂岩,顶界面为长8水下分流河道的侵蚀冲刷面,最大湖泛面为长9顶部的李家畔页岩。

LSC2层序的底界面为长8水下分流河道的侵蚀冲刷面,顶界面为长6水下分流河道的侵蚀冲刷面,最大湖泛面为深湖相的张家滩页岩沉积。

LSC3层序的底界面为长6水下分流河道的侵蚀冲刷面,顶界面为三叠系延长组与侏罗系延安组的区域性不整合面,最大湖泛面为长4＋5的浅湖、前三角洲或分支间湾的暗色泥岩沉积。

在层序地层分析过程中,单井相的分析和各级次基准面旋回的划分是建立层序地层格架和等时地层对比的基础,运用二分时间单元(基准面上升和下降半旋回)和分界线(层序界面和湖泛面),可以对长10–长(4＋5)地层进行等时地层格架的建立(图4-39)。

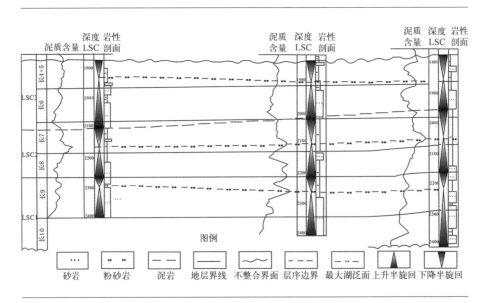

图例

砂岩　粉砂岩　泥岩　地层界线　不整合界面　层序边界　最大湖泛面　上升半旋回　下降半旋回

图4-39　长10–长4＋5层序地层划分及等时层

长8-长6由LSC2和LSC3底部组成,LSC2以长7底的张家滩油页岩为界,分为上升半旋回和下降半旋回。长8地层为湖平面上升、可容空间增大时形成的一套沉积物,相当于经典层序地层学中的海(湖)侵体系域,在长7底湖平面上升到最大值,之后湖平面开始缓慢下降,整个长7基本上为一套浅湖-前三角洲沉积,只在长7期晚期,川口地区接受三角洲前缘沉积。LSC3底部为三角洲大发育期,基准面旋回具有不对称性,湖泛面位于长(4 + 5)的沼泽化炭质泥岩中,由三个中期基准面旋回组成,对应于长6-3、长6-2、长6-1。

第 5 章

页岩成岩作用

　　沉积物堆积下来之后,接着被后继的沉积物所覆盖,即进入与原介质隔绝的新环境,由此开始转变为沉积岩,直至岩石遭受变质作用或风化作用之前的这一阶段,称为成岩作用阶段,有的学者也称其为沉积后作用阶段。在这一阶段内,沉积物和沉积岩的物质成分和结构构造均发生一系列变化,通常将此期间内引起沉积物和沉积岩发生变化的作用统称为成岩作用。

　　自1893年Walther首先提出成岩作用的概念后,人们对成岩作用的研究不断全面、系统和深入。在20世纪70年代,成岩作用的研究得到了很快的发展,如对于次生孔隙的识别标志、分类及其定量计算,对其成因也有了基本认识,特别是有机质脱羧产生的有机酸和二氧化碳对次生孔隙的形成已成为大家的共识,不仅海相地层如此,陆相地层中也已得到广泛证实。近年来,我国也有许多学者从事这方面的研究,并取得了较多的成果,主要集中在20世纪80年代以后,包括1989年石油系统专门召开了成岩阶段划分方案的研讨会,1992年正式制定了成岩阶段划分规范,2003年对规范作了补充并制定了新的标准,从而使得对成岩阶段划分在石油系统内趋于统一,并被各石油地质院校和地质部门采用。此外,成岩作用研究已由定性向定量深入,如加拿大学者Foscolos(1976)曾根据黏土矿物成分、混层比及其化学标志(如K_2O含量、阳离子交换容量、化学成分和有关比值),再结合可溶有机质和干酪根的各种物理、化学标志,建立了较为系统的成岩作用标志。随着页岩气资源勘探和开发的深入,泥页岩成岩阶段划分、泥页岩的成岩作用研究以及不同泥页岩组分在成岩期的不同响应等都日益受到了学界重视。

5.1　　泥页岩成岩阶段划分

　　本书对泥页岩成岩阶段划分,依据中华人民共和国石油天然气行业标准(SY/T 5477—2003)碎屑岩成岩阶段划分(表5-1)。

　　泥页岩成岩阶段指泥质沉积物沉积后经各种成岩作用改造直至变质作用之前所经历的不同地质历史演化阶段,可划分为同生成岩阶段、早成岩阶段、中成岩阶段、晚

表5-1 泥页岩成岩阶段划分(据中华人民共和国石油天然气行业标准(SY/T 5477—2003)修改)

成岩阶段 / 阶段期		古温度/℃	有机质					泥岩		砂岩固结程度
			R_o/%	T_{max}/℃	孢粉颜色TAI	成熟阶段	烃类演化	I/S中的S/%	I/S混层分带	
同生成岩阶段		古常温	1. 海绿石、鲕绿泥石的形成; 2. 同生结核的形成; 3. 平行层里面分布的菱铁矿微晶及斑块状泥晶; 4. 分布于粒间和颗粒表面的泥晶碳酸盐; 5. 烃类未成熟							
早成岩阶段	A	古常温~65	<0.35	<430	淡黄<2.0	未成熟	生物气	>70	蒙皂石带	弱固结—半固结
早成岩阶段	B	>65~85	0.35~0.5	430~435	深黄2.0~2.5	半成熟	生物气	70~50	无序混层带	半固结—固结
中成岩阶段	A	>85~140	>0.5~1.3	>435~460	枯黄—棕>2.5~3.7	低成熟—成熟	原油为主	<50~15	有序混层带	固结
中成岩阶段	B	>140~175	>1.3~2.0	>460~490	棕黑>3.7~4.0	高成熟	凝析油—湿气	<15	超点阵有序混层带	固结
晚成岩阶段		>175~200	>2.0~4.0	>490	黑>4.0	过成熟	干气	消失	伊利石带	
表生成岩阶段		古常温或常温	1. 含低价铁的矿物(如黄铁矿、菱铁矿、铁白云石、铁方解石、云母、绿泥石、海绿石等)的褐铁矿化; 2. 褐铁矿的浸染现象; 3. 碎屑颗粒表面高价铁的氧化膜; 4. 新月形碳酸盐胶结物及重力胶结; 5. 渗流充填物; 6. 表生钙质结核; 7. 硬石膏的石膏化; 8. 表生高岭石; 9. 溶解孔、洞; 10. 烃类氧化降解							

成岩阶段和表生成岩阶段。

同生成岩阶段:沉积物沉积后尚未完全脱离上覆水体时发生的变化与作用的时期称同生成岩阶段。

早成岩阶段:指沉积物已基本上与上覆水体脱离,在一定的温度、压力条件下,使沉积物固结成岩。该阶段以压实、脱水等物理作用以及氧化还原化学作用为主。以浅埋、低温、有机质不成熟、存在大量膨胀性黏土矿物为特点。

中成岩阶段：处于有效埋藏深度以下（有效埋藏深度是指上覆层不仅完全覆盖下伏沉积层，并隔断下伏层内粒间水与底水的联系），以各种胶结作用为主。该阶段温度普遍小于240℃，有机质处于成熟–高成熟阶段，可生成大量油气，黏土矿物大量脱水，蒙脱石向伊利石转变。

晚成岩阶段：岩石在较高温度（240～400℃）及压力下，向变质方向发展，有机质过成熟，烃类裂解，片状矿物形成，伊利石在黏土矿物中占绝对优势。

表生成岩阶段：指处于某一成岩阶段弱固结或固结的碎屑岩，因构造抬升而暴露或接近地表，受到大气淡水的溶蚀，发生变化与作用的阶段。

5.2 泥页岩成岩作用类型

泥页岩的成岩作用主要有压实作用、胶结作用、溶蚀作用、有机质成熟作用、黏土矿物转化作用等，这些作用都是相互联系和影响的，其综合效应影响和控制着泥页岩的发育历史。

5.2.1 压实作用

压实作用或物理成岩作用是指泥质沉积物沉积后在其上覆水体或沉积层的重荷下，或在构造变形应力的作用下，发生水分排出、孔隙度降低、体积缩小的作用。从整体上看，泥质沉积物中的压实作用是泥页岩中最重要的成岩作用，可以发生在成岩作用的各个时期，在沉积物埋藏的早期阶段表现得比较明显。它不仅使泥质沉积物固结成岩，而且使岩石的组成、结构和物性都发生变化。泥页岩压实作用主要有两种结构上的变化：①孔隙水被排出、孔隙度减小；②原生絮凝团被压破，形成片状质点趋于平行排列。新鲜软泥的孔隙度可达90%以上,但其压固成页岩后,孔隙度不足20%。砂和碳酸盐沉积物受压实作用的影响则较小。图5-1为砂岩及页岩的孔隙度和埋藏深度的关系图。

图5-1 砂岩及页岩的孔隙度与埋藏深度的关系(于炳松等,2012)

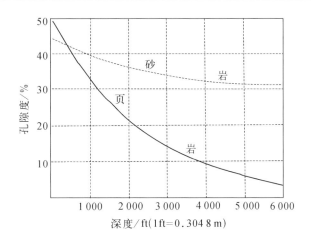

泥页岩由于泥质含量高,抗压实能力弱,富有机质泥页岩的压实程度一般较高,在一些样品中可以见到缝合线。泥质定向分布,成层性好,碎屑颗粒含量高的部分抗压实能力较强,碎屑颗粒与泥质之间呈凹凸接触(图5-2、图5-3)。

图5-2 压实作用在鄂尔多斯盆地三叠系延长组页岩中的响应(耳闯,2013)

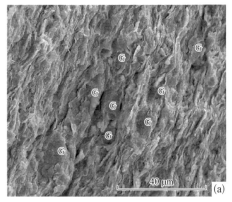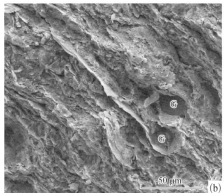

(a) 永860井,1 846.82 m,长7段,纹层状泥岩,碎屑颗粒与泥质凹凸接触,SEM图像
(b) 杏2008井,1 542.00 m,长9段,片状伊利石,SEM图像;G-颗粒

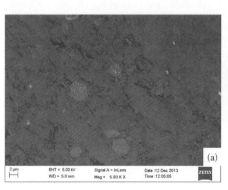

图 5-3
压实作用
在渝东南
渝 科1井
下寒武统
牛蹄塘组
页岩中的
响应

（a）渝科1井，24.95 m，下寒武统牛蹄塘组，碎屑颗粒与泥质凹凸接触，SEM 图像

（b）渝科1井，46.40 m，下寒武统牛蹄塘组，泥质层定向排列，SEM 图像

　　富有机质页岩在压实过程中往往因为沉降速度快，排水不畅，加上由于温度升高而发生的生烃作用，会产生欠压实和异常高的流体压力，特别是在中新生代地层中，普遍存在欠压实和异常孔隙流体压力。当异常孔隙流体压力超过页岩的拉张强度，就会产生微裂缝。微裂缝可使孔隙流体包括烃类排出，同时，在异常压力释放后微裂缝又可以闭合。

　　在压实作用的影响下，原生孔隙（主要为粒间孔）减少，且粒间孔在泥质层之间定向排列，形态更像层间缝。例如，鄂尔多斯盆地三叠系延长组富有机质页岩（图5-4），层间缝宽在 1 μm 以下，在碎屑颗粒发育的情况下，粒间孔更发育，直径最大

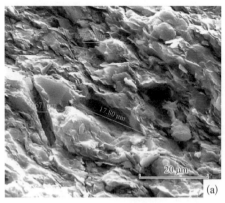

图5-4　泥页岩中的粒间孔(耳闯,2013)

（a）杏6138井，1 079.56 m，长7段，粒间孔，SEM 图像

（b）靖探913井，1 936.56 m，长7段，粒间孔，BSE（背散射扫描电镜图像）

可达17.8 μm。渝东南地区寒武系牛蹄塘组富有机质页岩中，其粒间孔直径更小，多为几百纳米，形状多以长条形为主（图5-5）。

图5-5　泥页岩中的粒间孔

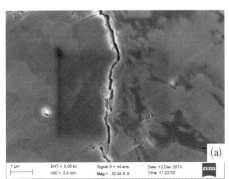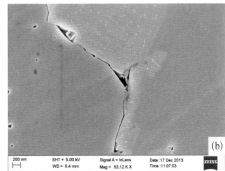

（a）渝科1井，24.95 m，下寒武统牛蹄塘组，粒间孔，SEM图像
（b）渝科1井，55.02 m，下寒武统牛蹄塘组，粒间孔，SEM图像

5.2.2　胶结作用

胶结作用是指从溶液中以化学方式沉淀出物质，把碎屑颗粒和泥质物质胶结在一起的作用。这类化学沉淀物质在泥页岩中起胶结作用，称胶结物；但也有部分只是孤立分散的矿物晶体，对碎屑物不起胶结作用，这类矿物称为自生矿物。

泥页岩中的胶结物是在颗粒之间的孔隙水中化学沉淀出来的物质，一般是在成岩阶段形成的，在岩石中的含量不能大于50%。常见的胶结物有氧化硅矿物（主要是石英）、碳酸盐矿物（主要是方解石、白云石）、硫酸盐矿物（主要是石膏）、磷酸盐类矿物（主要是磷灰石和胶磷矿）。泥页岩中的自生矿物在岩石中呈孤立零散状或结核状分布，对碎屑颗粒不起胶结作用，大多数也是在成岩阶段形成的。这些自生矿物的种类多与胶结物相同，只是数量很少，无法产生胶结的效果。此外，还有其他一些常见的自生矿物，如黄铁矿、白铁矿等。下面介绍主要的胶结物和自生矿物。

1. 硅质胶结物

当碎屑颗粒之间的孔隙水中化学沉淀出来的硅质物质对碎屑颗粒起到了胶结作用时,则称为硅质胶结。如图5-6,原先的钙质胶结物被硅质胶结物所取代。

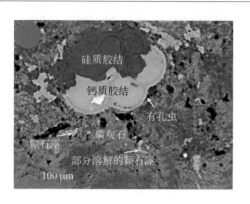

图5-6 页岩中的硅质胶结(Joe H.S. Macquaker, 2014)

自生石英多以微晶石英或石英次生加大形式出现。石英次生加大在早成岩A期一般未见,早成岩B期也少见,可形成于原始孔隙中,而在中成岩期则较普遍,尤其是在伊/蒙有序混层带附近,中成岩期的石英呈次生加大或小晶体,有的也形成于次生孔隙中。这一分布特点表明,SiO_2的来源可能与长石的溶解以及混层黏土矿物在转化过程中析出的SiO_2有关。例如,鄂尔多斯盆地三叠系延长组富有机质页岩(图5-7),微

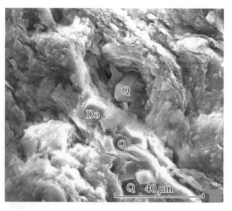

图5-7 泥页岩中的自生石英(耳闯,2013)

杏2008井,1 521.80 m,长9段,微晶石英,分布于泥质之中,SEM图像

晶石英分布于泥质之中,多见于次生孔隙之中。

在美国Fort Worth 盆地密西西比系Barnett页岩中有各种自生石英。石英取代方解石部分充填于裂缝中(图5-8(a)),石英取代方解石部分充填于化石壳体中(图5-8(b))。

图5-8 Barnett 页岩中的硅质胶结(Kitty L. Milliken, 2012)

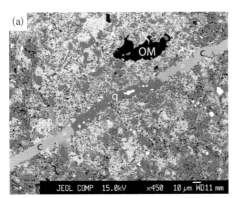
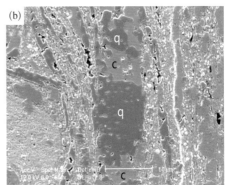

2. 碳酸盐胶结物

在泥页岩中,普遍含有一定量的碳酸盐矿物,主要有方解石、白云石和菱铁矿。对中国渝东南地区页岩气资源战略调查研究显示,渝东南地区下寒武统牛蹄塘组页岩碳酸盐矿物总量平均为13%,方解石个别含量可高达8%,主要以晚成岩时期脉状、裂缝充填为主,白云石平均含量为9%,菱铁矿个别含量可达10%,其余几乎不含。从纵向分布的特点来看,方解石可形成于不同成岩阶段,但产状不一样,泥晶方解石常见于早成岩期,亮晶方解石常见于早成岩B期与中成岩期,在晚成岩期以脉状、裂缝充填为主。亮晶铁白云石则主要见于中-晚成岩期,它常出现于伊/蒙有序混层带附近,随深度含量增加,这说明铁白云石中铁镁来源可能与混层转化和暗色矿物(如黑云母等)分解过程中析出的铁镁有关。从铁白云石的产状来看,有交代型、加大型和孔缝充填型3种,其产状说明它们形成较晚,因此可以作为中-晚成岩期所常见到的标志性矿物,其开始形成温度大致在80~90℃,而在温度大于100℃的地层里较为普遍,数量较多。含铁方解石及含铁的白云石也常在早成岩B期及中成岩期出现。亮晶含铁方解石有的是在泥晶方解石基础上重结晶形成的。

当碎屑颗粒之间的孔隙水中化学沉淀出来的钙质物质对碎屑颗粒起到了胶结作用则称为钙质胶结。例如鄂尔多斯盆地三叠系延长组富有机质页岩，可见白云石胶结物（图5-9）；据渝科1井揭示，渝东南地区下寒武统牛蹄塘组富有机质页岩中见自生白云石（图5-10），还可见白云石层及白云石充填于裂缝中（图5-11）。

图5-9 页岩中的白云石胶结（耳闯，2013）

永860井，1 848.97 m，左下角白云石胶结物，SEM 图像

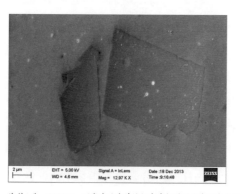

图5-10 页岩中的自生白云石胶结（耳闯，2013）

渝科1井，66.92 m，下寒武统牛蹄塘组富有机质页岩中见自生白云石，SEM 图像

在美国 Fort Worth 盆地密西西比系 Barnett 页岩中有各种钙质胶结。如方解石充填头足类化石的壳体，白云石包裹有机质（图5-12）。

图5-11 页岩中的钙质胶结

渝科1井，下寒武统牛蹄塘组富有机质页岩中见自生白云石层及白云石充填于裂缝中

图5-12 Barnett页岩中的钙质胶结（Kitty L. Milliken，2012）

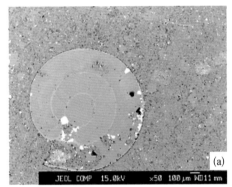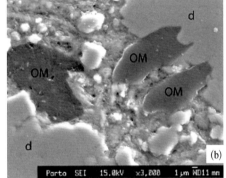

3. 黄铁矿

黄铁矿是富有机质沉积的特征矿物，也是恢复沉积环境的重要指标。沉积黄铁矿的形成主要与细菌硫酸盐的还原作用有关。在缺氧条件下，有机质为还原剂和能量来源，硫酸盐被还原成 H_2S，后者进一步与活性铁反应，形成一系列铁的单硫化物，并最终形成黄铁矿而保存于沉积物中（图5-13）。但是，沉积物中往往存在同生和成岩两种成因的黄铁矿组分，成岩的黄铁矿不能指示沉积环境，成岩黄铁矿颗粒通常较大，多发育于泥页岩孔隙较大的部位，与热液流体活动有关（图5-14）。

在美国 Fort Worth 盆地密西西比系 Barnett 页岩中也有相似的黄铁矿产出，如黄

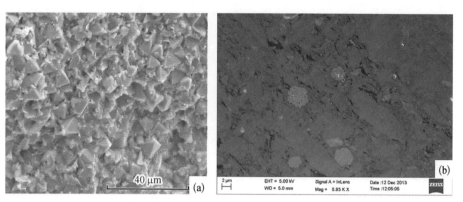

图 5-13
泥页岩中
沉积期形
成的黄铁
矿

（a）杏6138井，1 074.76 m，长7段，黄铁矿二八面体单晶，SEM图像（耳闯，2013）

（b）渝科1井，24.95 m，下寒武统牛蹄塘组，莓球状黄铁矿，SEM图像

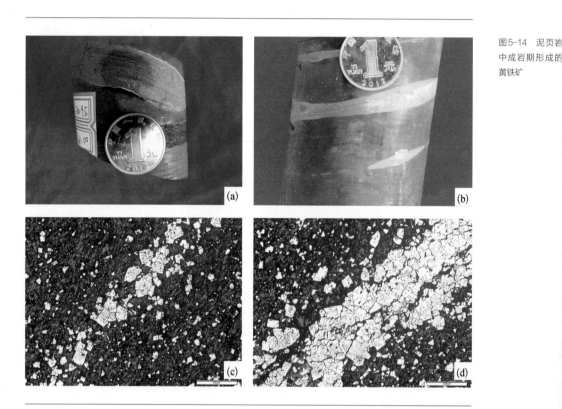

图5-14　泥页岩
中成岩期形成的
黄铁矿

铁矿条带和黄铁矿结核（图5-15）。在部分黄铁矿条带周围出现方解石胶结（图5-16、图5-14（a））。

图5-15 Barnett
页岩中的黄铁矿
（Philip J. Bunting,
2012）

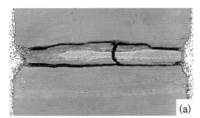

(a)
(b)

图5-16 Barnett页岩中的
黄铁矿及钙质胶结（Kitty L.
Milliken, 2012）

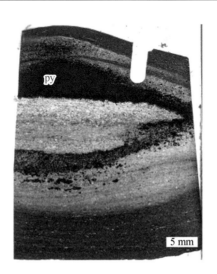

5 mm

5.2.3　溶蚀作用

溶蚀作用是岩石中的组分在成岩过程中被流体局部溶解的作用。

溶蚀作用产生的次生孔隙以碳酸盐溶蚀和长石溶蚀为主，形成粒内溶孔（图5-
17）。按溶蚀的原因可分为有机酸溶蚀和碳酸溶蚀。有机酸对铝硅酸盐、碳酸盐和
二氧化硅均可产生溶蚀作用，对铝硅酸盐的溶蚀主要通过羧酸阴离子对铝的络合，
对碳酸盐的溶蚀主要是通过形成具有一定溶解度的羧酸钙。碳酸主要对碳酸盐产
生溶蚀作用。有机酸的溶蚀能力是碳酸溶蚀能力的几倍到几十倍甚至上百倍。

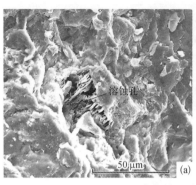
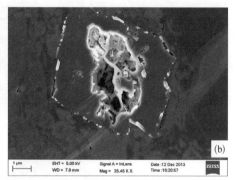

图 5-17
泥页岩中
的粒内孔

（a）杏3023井，1 644.17 m，长9段，长石颗粒遭溶蚀，SEM 图像（耳闯，2013）

（b）渝科1井，37.18 m，寒武系牛蹄塘组，白云石遭溶蚀，SEM 图像

5.2.4 有机质成熟作用

有机质成熟作用是在温度的作用下有机质发生热演化的作用。在沉积盆地中，原始有机质伴随其他矿物沉积后，随着埋藏深度逐渐加大，地温不断升高，在缺氧的还原环境下，有机质逐渐发生一系列的变化。由于在不同深度范围内，有机质所处的环境和所受的动力因素不同，致使有机质所发生的反应性质及形成的主要产物都有明显的区别。有机质的成熟度可以通过一系列的指标来衡量，目前常用的指标是镜质体反射率。

在一些有机质颗粒中分布有纳米级孔隙，有机质颗粒中纳米级孔隙的丰度与镜质体反射率的强相关性表明孔隙形成是有机质（即干酪根）转化和热成熟度的结果，这是从低成熟样品的有机质颗粒中缺乏纳米级孔隙、在较高成熟样品中富集孔隙得出来的结论。这种关系与Hover等（1996）观察到的结果相一致，他们通过透射电子显微镜对Antrim的低成熟岩石和 New Albany 页岩进行观察，发现这些页岩中有机质颗粒的孔隙是不可见的。

有机孔分布于有机质内部或与黄铁矿等颗粒吸附的有机质中，孔径介于

5～200 nm，主体在30～90 nm，呈规则凹坑状、近球状、密集网状分布，或以较大的圆形-椭圆形赋存于有机质与基质接触边界，是有机质热演化形成的纳米级孔隙，有机质纳米级孔隙体积小，数量大，叠合呈蜂窝状、孤立块状分布（图5-18）。

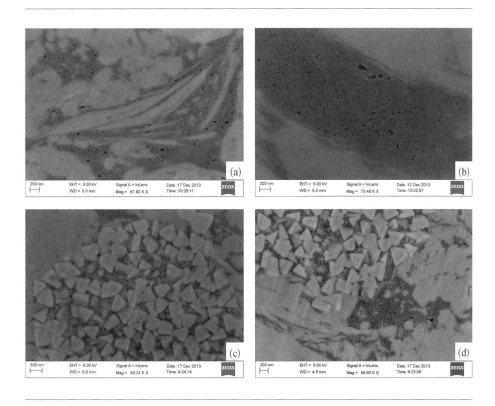

图5-18　泥页岩中的有机孔（孙梦迪，2015）

5.2.5　黏土矿物转化作用

1. 高岭石的形成与转化

高岭石的产状有的分布于长石颗粒表面，有的分布于裂缝及颗粒孔隙中以及在碳酸盐岩的溶孔、溶洞中。其成因与酸性水介质（有机酸和二氧化碳或与表生淋滤作用)有关。在埋藏过程中形成的高岭石晶形较好,呈书页状(图5-19)或蠕虫状,其结晶度较好。在表生作用下高岭石结晶相对较细,晶体较分散(图5-20),结晶度也较差。

高岭石的转化:① 高岭石在120 ～ 150℃变得不稳定,在有钾条件下将向伊利石转变,其反应式为:$3Al_2Si_2O_5(OH)_4 + 2K^+ \Longleftrightarrow 2KAl_3Si_3O_{10}(OH)_2 + 2H^+ + 2H_2O$(Hower等,1976);② 在富铁、镁环境下向绿泥石转化;③ 在酸性水介质且在较高温度下向地开石转化。

在早成岩A期少见,在早成岩B期较常见,在中成岩A_1、A_2期普遍呈书页状、蜕石状,到中成岩B期以及晚成岩期逐渐少见或消失。

图5-19 书页状高岭石(应凤祥,2004)

东河1井5 519.3 m,J×1 500,灰绿色泥质粉砂岩,粒间高岭石

图5-20 分散状高岭石(应凤祥,2004)

(a)东河1井5 824.0 m,J×3 400,长条状/分散的高岭石
(b)东河1井5 777.80 m,J×2 500,绿色含油细砂岩高岭石

对中国渝东南地区页岩气资源战略调查研究显示,渝东南地区下寒武统牛蹄塘组页岩和下志留统龙马溪组页岩中几乎不含高岭石,高的成岩演化程度使得高岭石充分转化。对黔西北地区页岩气资源调查评价显示,黔西北地区下寒武统牛蹄塘组页岩和下志留统龙马溪组页岩中也几乎不含高岭石,同样具有较高的成岩演化程度。在黔西北地区上二叠统龙潭组页岩中含有一定量的高岭石,在黔西北地区黏土矿物从北向南主要为高岭石-绿泥石-伊利石-伊蒙混层,显示了空间上成岩的变化特点(图5-21)。

图5-21 黔西北龙潭组页岩从北向南黏土矿物变化

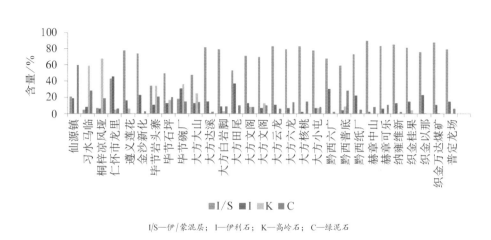

I/S—伊/蒙混层; I—伊利石; K—高岭石; C—绿泥石

2. 蒙皂石的转化

随着埋深和温度的增加,泥页岩中的蒙皂石将逐渐向伊利石/蒙皂石(I/S)或绿泥石/蒙皂石(C/S)混层转变,在这过程中伴随着泥岩中孔隙水和层间水的脱出,前人已证实了蒙皂石存在两种演化途径,即在富钾的水介质条件下向I/S混层转变,或在富镁的条件下向C/S转变。在早成岩A期常见分散状蒙皂石,到早成岩B期开始明显向无序混层转化。在中成岩A_1期混层属于部分有序,到中成岩A_2期为有序混层,在中成岩B期为卡尔克博格式有序,到晚成岩混层逐渐消失转变为片状伊利石或片状绿泥石(表5-2)。

富有机
页岩
沉积有
成岩

第 5

表 5-2 I/S 混层类型及转化带划分表(应凤祥,2004)

混层类型	有序度类型	蒙皂石层在I/S混层中所占比例/%	I/S混层转化带	成岩阶段
无序	R_0	> 70	蒙皂石带	早成岩A
		50～70	渐变带	早成岩B
部分有序	R_0/R_1	35～< 50	第一迅速转化带	中成岩A_1
有序	R_1	15～< 35	第二迅速转化带	中成岩A_2
超点阵(卡尔克博格式有序)	$R \geq 3$	< 15	第三转化带	中成岩B

在富钾的水介质条件下蒙皂石向I/S混层转变,应凤祥(2004)将I/S混层根据蒙皂石层含量随井深的变化划分了5个转化带(以砂岩分析资料为主),即蒙皂石带、渐变带、第一迅速转化带、第二迅速转化带和第三转化带(图5-22)。

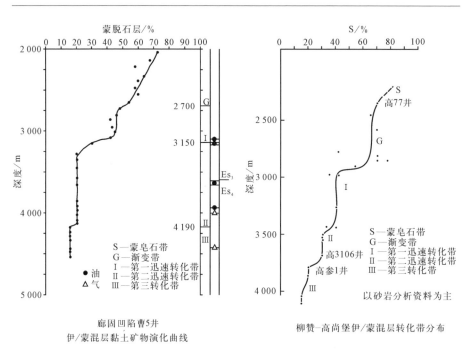

图5-22 廊固凹陷曹5井、柳赞-高尚堡伊/蒙混层转化带分布(应凤祥,2004)

廊固凹陷曹5井伊/蒙混层黏土矿物演化曲线

柳赞-高尚堡伊/蒙混层转化带分布

(1)蒙皂石带包括分散状蒙皂石及蒙皂石层占70%以上的I/S混层黏土矿物,在这一带脱出的主要是孔隙水和过量的层间水,有机地球化学分析资料表明有机质尚未成熟,镜质体反射率R_o < 0.35%,从成岩阶段划分来说,它属早成岩A期,岩石疏松,物性很好。

(2)渐变带中蒙皂石已开始明显向无序混层转化,蒙皂石层占50% ~ 70%,处于该带的有机质属于半成熟有机质,镜质体反射率R_o为0.35% ~ 0.5%,按成岩阶段划分来说,它处于早成岩的B期,这一阶段多为含铁方解石胶结,有原生孔隙,并可有部分次生孔隙的出现,在砂岩中可见自生高岭石,石英次生加大也开始见到。

(3)第一迅速转化带是层间水的第一次迅速脱出带,这时的蒙皂石层仅占35% ~ < 50%,所以混层已明显由无序混层向部分有序混层转化,随着脱水排烃的进行,有少量重质油的生成,有机质属低成熟,R_o > 0.5% ~ 0.7%,成岩阶段属中成岩的A_1亚期,砂质岩中有铁白云石的出现和次生孔隙的分布,自生高岭石和石英次生的加大量较渐变带增加和普遍。本带中常有油层分布。

(4)第二迅速转化带时混层矿物已变为有序,蒙皂石层仅占20%左右,这一带代表层间水的第二次迅速脱出阶段,有机质已成熟,可有油气生成,R_o > 0.7% ~ 1.3%。成岩阶段属中成岩的A_2亚期,砂质岩中可有较多铁白云石的分布,次生孔隙发育,自生高岭石及石英次生加大也比较普遍,但储集层物性一般已明显变差。油层及部分气层常见于本带。

(5)第三转化带蒙皂石层含量小于15%,属超点阵(卡尔克博格式有序),成岩阶段属于中成岩B期,有机质处于高成熟阶段,R_o在1.3% ~ 2%,岩石致密,物性变差并出现裂缝,有轻质油及气产出。

(6)当混层消失时,表示岩石已进入晚成岩期,黏土矿物较为单一,代表性矿物为片状伊利石。有机质已达过成熟阶段。

伊利石/蒙脱石(I/S)混层类型及转化带与成岩阶段及有机质成熟度的关系见表5-3所示。

在富镁的条件下蒙皂石向C/S混层转变,极少数盆地见到绿/蒙混层,一般分布也较局限。柴达木盆地旱2井发育有较为完整的蒙皂石向绿/蒙混层的演化过程(应凤祥,2004)。旱2井位于柴达木盆地一里坪凹陷,井深达6 108 m。钻遇的地层为第四系至上第三系中新统中部。岩性总的变化特点是自上而下变粗,由粉砂岩变为砂岩,至井底见到砾岩,颜色也往下变红,在4 204 m处首次见到紫红色薄层泥岩,往下

伊利石/蒙皂石(I/S)混层类型		混层有序度类型	混层转化带	S层在I/S混层中所占比例/%	有机质成熟度	与碎屑岩成岩阶段划分标准的对应关系			
						碎屑岩成岩阶段划分规范(应凤祥,1992)		碎屑岩成岩阶段划分规范(应凤祥等,2003年修订)	
蒙皂石			蒙皂石带	>70	未成熟	早成岩	A期	早成岩A期	
无序混层		R_o	渐变带	50~70	半成熟		B期	早成岩B期	
有序混层	部分有序	R_o/R_1	第一迅速转化带	35~<50	低成熟	晚成岩期	A期 / A_1	中成岩期	A期 / A_1
	有序	R_1	第二迅速转化带	15~<35	成熟		A_2		A_2
	超点阵(卡尔克博格式有序)	$R≥3$	第三转化带	<15	高成熟		B期		B期
伊利石					过成熟	C期		晚成岩期	

表5-3 伊利石/蒙脱石(I/S)混层类型及转化带与成岩阶段及有机质成熟度的关系表(应凤祥,2004)

逐渐增多,岩性特征综述如下。

第四系:顶部有岩壳,以灰色淤泥为主。

上新统狮子沟组:以灰色、深灰色灰质泥岩、粉砂质泥岩为主。

上新统上油砂山组:灰色、深灰色灰质泥岩、粉砂质泥岩夹泥灰岩。

中新统下油砂山组:灰色、深灰色粉砂岩和粉砂质泥岩为主夹泥灰岩,下部变为暗紫色,并有较多砂质岩,其底部见砾岩。

从C/S混层比与深度关系图可以看出(图5-23),C/S混层中的蒙皂石层随井深增加而存在一个明显的演变过程,并可划分出几个演化阶段。因此,参照I/S混层黏土矿物所划分的几个转化带,可对旱2井C/S混层转化带作如下划分。

(1)蒙皂石带:井深80～1 830 m,混层中的蒙皂石层占70%～100%,层位为第

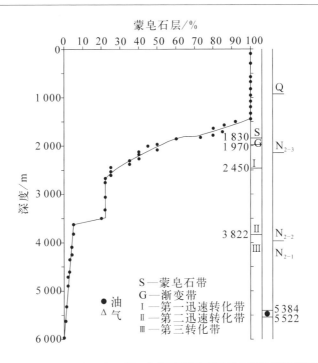

图5-23 柴达木盆地
旱2井绿/蒙混层黏土
矿物演化曲线(应凤祥，
2004)

四系至狮子沟组上部。

（2）渐变带：井深1 830 ～ 1 970 m，混层比蒙皂石层占50% ～ 70%，属于无序混层，层位为狮子沟组下部。

（3）第一迅速转化带：井深1 970 ～ 2 450 m，蒙皂石层占35% ～ 50%，相当于I/S混层的部分有序混层，层位为狮子沟组底部至上油砂山组顶部。

（4）第二迅速转化带：井深2 450 ～ 3 822 m，蒙皂石层占20%左右，层位为上油砂山组。

（5）第三转化带：井深在3 822 m以下，此时C/S混层的衍射峰与绿泥石的衍射峰严重重叠，所以不能计算出混层比。因此，混层究竟在多大井深处消失而完全转变为绿泥石的界线难以确定。

从上述主要成岩作用类型及成岩变化可以看出，泥页岩在成岩变化过程中不仅结构构造发生了变化，而且其物质组成的变化成为了泥页岩成岩变化的显著特征。这也为成岩阶段的识别奠定了良好的基础。

5.3　　泥页岩成岩阶段识别标志

5.3.1　　矿物学标志

将各种自生矿物在不同成岩阶段的分布及产状列表于下(表5-4)。在泥页岩中以自生黏土矿物以及碳酸盐矿物在成岩阶段的标志性作用最为明显。同时,伊利石结晶度测定可为成岩强度提供信息,伊利石结晶度的测定是用自然定向片(N)谱图上的10×10^{-1} nm峰的半高宽加以表征,称为Kubler指数(K.I.),单位为(°)($\Delta 2\theta$)。成岩伊利石的结晶度指数(K.I.)与成岩阶段及浅变质作用带的划分有以下关系:

$$K.I. \geqslant 0.42°(\Delta 2\theta) \text{ 早-中成岩阶段}$$

$$0.25°(\Delta 2\theta) < K.I. < 0.42°(\Delta 2\theta) \text{ 晚成岩阶段}$$

$$K.I. \leqslant 0.25°(\Delta 2\theta) \text{ 浅变质带}$$

对渝东南地区下志留统龙马溪组页岩研究表明,以鹿角剖面为例,黏土矿物组合主要是伊利石、伊/蒙混层、绿泥石,其中伊/蒙混层的间层比(%S)很低,均为10% ～ 15%,处于伊蒙混层转化带的第三转化带,因此研究区内龙马溪组黑色页岩属于中成岩期B阶段。结合龙马溪组页岩的伊利石结晶度在0.46° ～ 0.6°,平均0.53°,当伊利石结晶度小于0.42°时才进入晚成岩期,因此该套黑色页岩属于中成岩期B阶段。

5.3.2　　有机质热成熟度指标

有机质在成岩过程中,随着埋藏条件的变化,特别是温度的变化,对有机质热成熟度有很大影响,所以根据有机质的热成熟度指标,可以提供有关有机质经历过的古温度的重要信息,这对岩石成岩史的了解有很大帮助,对划分成岩阶段也是重要依据(图5-24)。压力有时也影响有机质热成熟度,如构造应力可由机械能转变为热能,因而加速有机质的热成熟,异常高压则可能延缓有机质的热成熟。

表5-4　各种自生矿物在不同成岩阶段的分布及产状表（应凤祥，2004）

成岩阶段	分布及产状	碳酸盐类 方解石	白云石	铁白云石	菱铁矿	自生黏土矿物 蒙皂石及其转化	混层S层/%	伊利石	绿泥石	高岭石	硅酸盐类 石英	长石	钠长石	沸石类及其他矿物	温度/℃(顶界)
早成岩	A	泥晶(粒间)	泥晶(粒间)		泥晶(粒间)	常见分散状蒙皂石	>70		粒表	少见	一般未见			方沸石	
早成岩	B	亮晶呈粒状或嵌晶式交代颗粒边缘	泥晶-微晶合铁白云石	显微晶粒状充填		开始明显向混层变化，为无序混层	50~70			常见	少见，可形成于原生孔隙中			方沸石	60~70
中成岩	A₁ (I)	亮晶呈粒状及交代碎屑颗粒(大部分或全部)少量呈脉状充填微裂缝	亮晶合量少到多，产状有粒间充填，加大或交代	亮晶有时集中分布在云母表面	混层属部分有序	35~50	呈丝发状、针刺状	呈纹球状、片状	普遍呈书页状、蠕石状	普遍呈加大或次生于孔隙中	呈加大		方沸石	80~90
中成岩	A₂ (II)					有序混层	20左右	片状	片状	少见或消失	小晶体，也有形成于孔隙中		呈小晶体或钠长石化	浊沸石、绿纤石	95~110
中成岩	B (III)	亮晶、脉状、裂缝充填普遍	亮晶合铁白云石			卡尔克博格式有序	<15	片状	片状	消失				浊沸石、绿纤石	130~140
晚成岩		脉状、裂缝充填普遍				混层消失，变为伊利石				有粒间裂缝充填交代物等产状				浊沸石常见于中-晚成岩期	>175
说明		不同阶段有形成，产状也不一	可以作为划入中成岩期的标志矿物			可划分成岩阶段及预测有机质成熟度									

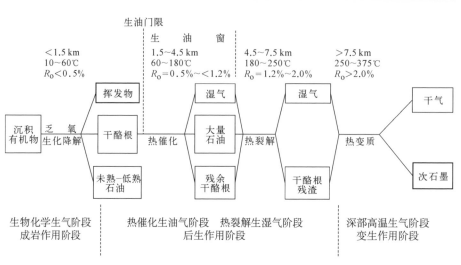

图 5-24
有机质演化
阶段划分图
(柳广弟等,
2009)

有机质和无机矿物一样都随埋深和温度等地质条件的变化而有各自演化规律,而且它们之间存在着互为因果的内在联系,如有机质在大量生烃之前,由于干酪根脱酸释放的大量有机酸会导致孔隙水化学性质的改变,从而在酸性水介质条件下形成像石英次生加大以及自生高岭石等矿物以及碳酸盐类矿物和长石等酸溶性矿物的溶解。随着有机质成熟产生烃类,它们对砂岩的成岩作用也会产生影响,表现在油气水层中分布的自生矿物有一定差别。再如烃类和硫酸盐矿物,由于热化学硫酸盐还原作用反应产生的有机酸可在较高温度下产生溶解作用,烃类热裂解产生的 CO_2 也有利于深部次生孔隙的发育。在较厚膏盐层发育的地区,对有机质热演化也会产生影响,因膏岩层热导率高而降低地层温度,可以延缓有机质的热演化过程。所以有机质热成熟度资料是我们划分泥页岩成岩阶段的重要标志。对于泥页岩中的有机质成熟度测定,主要依靠镜质体反射率(R_o)和生油岩热解分析的最大热解峰温(T_{max},℃)。

镜质体是有机质的一种显微组分,它主要是植物的茎、叶和木质纤维素经过凝胶化作用而形成的。随着镜质体演化程度的增加,其反射光的能力增强。镜质体反射光的能力用镜质体的油浸反射率表示,常用符号为R_o。但在一些海相和碳酸盐岩地层中,特别是在前志留纪地层(维管束植物出现之前沉积的地层)中镜质体稀少或不含镜质体,这时可采用固体沥青反射率(R_b)代替镜质体反射率评价生油层的成熟度。例如,渝东南地区下寒武统牛蹄塘组页岩的固体沥青反射率为3.68% ～ 5.19%,平均为4.31%。按周忠毅和潘长春经验公式($R_o = 0.336\ 4 + 0.656\ 9\ R_b$)折算出来的等效镜质体反射率为2.75% ～ 3.75%,平均为3.17%,稍大于按Jacob(1983)经验公式($R_o = 0.618\ R_b + 0.4$)计算出来的等效镜质体反射率(平均为3.07%)。两种经验公式折算出来的等效镜质体反射率相差不大,总平均为3.12%。

生油岩热解分析的最大热解峰温(T_{max},℃)是衡量热演化程度的一项简便、快速且较为有效的指标。在岩石热解过程中,随埋藏深度的增加,烃源岩有机质发生降解,活化能较低或热稳定性较差的干酪根将首先降解,使残留下来的有机质热稳定性增强,因此,T_{max}随热演化程度的升高而增大。大量统计数据显示:T_{max}为435℃时,烃源岩达到生烃门限;T_{max}在435 ～ 440℃时,烃源岩处于低演化阶段;T_{max}为440℃时,烃源岩进入大量生烃的成熟阶段。而对于烃产率指数(I_p)和烃指数(S_1/TOC)的绝对值,虽然不能用来划分有机质的成熟度阶段,但其变化趋势仍可用于研究有机质热演化规律,在正常情况下,I_p和S_1/TOC随埋深的增加而增大。

在有机质演化的地球化学指标方面,我们主要采用镜质体反射率(R_o)和生油岩热解分析的最大热解峰温(T_{max},℃),干酪根中的孢粉颜色和热变指数(TAI)也可供参考。此外自生矿物中的流体包裹体的均一温度、盐度及烃类性质也可提供重要的热成熟度及古流体性质的信息。利用有机质成熟度划分成岩阶段的有关参数见表5-5所示。

表5-5 有机质成熟度指标与成岩阶段划分关系表(应凤祥,2004)

成岩阶段			有机质成熟度	R_o/%	T_{max}/℃	孢粉颜色	TAI
早成岩	A		未成熟	< 0.35	< 435	黄色	< 2
	B		半成熟	0.35 ～ 0.5		深黄	< 2.5
中成岩	A	A₁	低成熟	> 0.5 ～ 0.7	435 ～ 440	橙	2.5 ～ 2.7
		A₂	成熟	> 0.7 ～ 1.3	> 440 ～ 460	褐	> 2.7 ～ 3.7
	B		高成熟	> 1.3 ～ 2.0	> 460 ～ 480±	暗褐-黑	> 3.7 ～ 4
晚成岩			过成熟	2 ～ 4	500±	黑	

5.4　　　泥页岩对成岩环境的响应

　　泥页岩由于沉积组分的不同在成岩阶段早期会产生不同的自生矿物从而形成不同的泥页岩岩相。Macquaker(2014)对英国多赛特郡的上侏罗统启莫里黏土组泥岩和美国加利福尼亚州的中新世的蒙特利组泥岩进行了研究(图5-25),对比了其沉积期不同的原始组分在成岩阶段早期的变化,以及成岩产物的区别,这些区别影响了烃源岩的特性和物理性质。

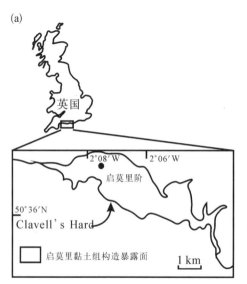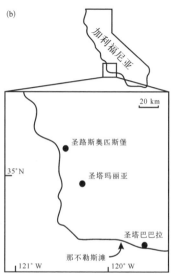

图5-25　启莫里黏土组和蒙特利组的采样位置(Macquaker,2014)

　　启莫里黏土组泥岩主要由硅质碎屑,水体沉积物(如颗石藻、贫硫Ⅱ型干酪根,总有机碳含量高达52.6%)和成岩作用产物(如黄铁矿、碳酸盐和高岭石)组成。

　　蒙特利组泥岩主要由水体沉积物(如硅藻类、颗石藻、有孔虫以及富硫Ⅱ型干酪根,总有机碳含量高达16.5%)、磷灰石以及硅质胶结物组成。

　　原始组分的不同主要由泥岩原始沉积背景所决定。英国多赛特郡的上侏罗统启莫里黏土组泥岩沉积于浅海陆架,主要由泥级黏土矿物(二八面体云母和高岭石)和粉砂级石英以及少量植物碎屑有机物质组成。这些组分是从英格兰南部和法国东北部地势较高的区域搬运到该盆地中的,沉积水体中生物来源包括菊石、双壳类、颗石藻、有孔虫以及由海藻和细菌转化成的有机质（Ⅱ型干酪根）。加利福尼亚南部浅海及中间地带的蒙特利组泥岩沉积于大陆坡上部地区。这样的沉积区缺少陆源碎屑物质，营养物质主要由区域性的上升洋流提供，是相对高的古生产力的基础，加之陆源碎屑的缺失，导致沉积物中生物富集，如有孔虫、颗石藻、硅藻和海藻转化的有机质（富硫Ⅱ型干酪根）。

在启莫里黏土组泥岩中可见相当数量的黄铁矿，其中绝大多数的黄铁矿是以莓球状集合体的形式出现的，还有少量以取代壳体碎片或形成自形晶体的形式处于基质中（图5-26）；启莫里黏土组泥岩中莓球状黄铁矿和不含二价铁的碳酸盐胶结物的出现对应着曾经发生的硫和铁的还原反应。

图5-26 启莫里黏土组泥岩中的有孔虫及其黄铁矿（Macquaker, 2014）

沉积黄铁矿的形成可能受以下几个因素的限制：① 有机质含量和活性；② 活性铁含量；③ 硫酸盐浓度。在海相环境中，盐度较高，提供了硫酸盐还原作用过程所需的硫酸盐来源，为黄铁矿的形成提供了必要条件。启莫里黏土组泥岩中现存干酪根为贫硫Ⅱ型干酪根与蒙特利组中富硫Ⅱ型干酪根形成对比，说明启莫里黏土组泥岩中的硫赋存于丰富的黄铁矿中，同时也需要孔隙水中提供高含量的还原铁来吸收这些硫。在蒙特利组中硫和有机质的利用率不是限制黄铁矿产生的原因，其铁含量受限可能是限制黄铁矿产出的原因。碎屑铁的缺失对于蒙特利组泥岩的成岩作用有决定性的影响，从而导致其孔隙水酸性更大，更富集H_2S，这也使得蒙特利组泥岩的沉积构造得到更好的保存。主要原因为：① 铁的还原反应可以缓解有机质氧化活动产

生的酸(反应1):

$$(CH_2O)_{106}(NH_3)_{16}(H_3PO_4) + 212Fe_2O_3 + 848H^+ \longrightarrow$$

$$424Fe^{2+} + 106CO_2 + 16NH_3^- + H_3PO_4 + 530H_2O \qquad (反应1)$$

② 黄铁矿产出受限,导致孔隙水中富集H_2S,不适宜生物群落生存;③ 孔隙水中的自由硫很容易被氧化(反应2)。

$$2O_2 + H_2S \longrightarrow SO_1^{2-} + 2H^+ \qquad (反应2)$$

在蒙特利组中除了孔隙水被酸化以外,还显示出高含量的磷,磷主要由以下几种活动产生:① 有机碳氧化反应释放的磷;② 上覆水体直接供应的磷、上升洋流作用带来的内部磷;③ 与藻类作用生成的磷。这些活动导致了孔隙水中磷变得富集,而且在接近沉积物和水体界面聚集了磷灰石结节。根据地球化学模型,在这种情况下磷灰石是最稳定的凝聚相。方解石颗粒在原地会被溶解掉,硫会进入有机碳中形成富硫II型干酪根。在蒙特利组泥岩中可以观察到磷灰石聚集和方解石溶解(图5-27)。

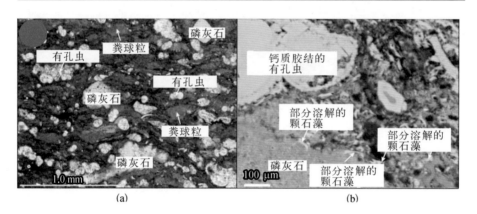

图5-27　蒙特利组泥岩中磷灰石聚集和方解石溶解(Macquaker, 2014)

在启莫里黏土组泥岩中存在大量的黏土矿物,以高岭石为主。高岭石的形成反应(反应3)如下:

$$2Al(OH)_4^- + 2Si(OH)_4 + 2H^+ \longrightarrow Al_2Si_2O_5(OH)_4 + 7H_2O \qquad (反应3)$$

高岭石以胶结物的形式存在,包围了泥岩中未压实孔隙中早期的方解石胶结物(图5-28),这表明硅酸盐被完全溶解,在孔隙流体中还有可利用的Al存在,这个环境

图5-28 启莫里黏土组泥岩中高
岭石胶结物（Macquaker, 2014）

中碳酸盐不与酸进行反应，相对稳定。那些结晶较差的黏土以及富Al的碎屑矿物的溶解为高岭石的自生作用提供了重要的溶质。

蒙特利组泥岩中由于缺少硅质碎屑、低浓度的溶解铝，因此黏土矿物的溶解受限，紧接着有机质产生的有机酸使孔隙水酸化，使得方解石被溶解，孔隙水中碳酸盐碱度升高，也会促使磷灰石和硅藻溶解后的二氧化硅聚沉下来。这也就是为什么在蒙特利组泥岩中没有高岭石胶结物，而方解石胶结物也在局部酸性条件下被硅质胶结所取代（图5-29）。

图5-29 蒙特利组泥岩
中硅质胶结取代钙质胶结
（Macquaker, 2014）

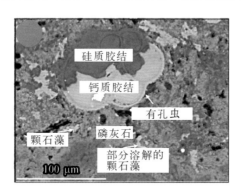

这一研究建立了泥页岩早期沉积环境以及沉积的原始组分与泥页岩成岩期的矿物组成之间的联系，还可以通过内在联系判断烃源岩的特性和物理性质。随着中国页岩气资源的大规模勘探，富有机质泥页岩层系成为重要的目的层，对其成岩作用的研究也在日益深入和完善，这些研究对页岩气资源的勘探和开发会起到至关重要的作用。

第 6 章

页岩孔隙特征与演化

孔隙是油气储集的主要空间,其体积和结构决定了页岩储气能力的大小和天然气的赋存状态。页岩中孔隙的发育主要受到石英和黏土等矿物的体积分数及其成岩作用、总有机碳质量分数及其成熟度以及构造活动强度、时期等的影响,研究页岩储层的孔隙特征是勘探和开采页岩气、保证和提高页岩气储量的重要前提。

6.1　　　页岩孔隙类型

相互连通的纳米到微米级页岩基质孔隙,与天然裂缝一起构成了流体运移网络,是非常规泥页岩储层中气体的天然渗透通道。泥页岩中孔隙大小范围中较大的部分通常也不足几微米,多数都小于 1 μm,因此,Chalmers 等(2009)向从事泥页岩研究的地球科学工作者推荐了国际理论和应用化学学会(IUPAC)关于孔隙大小的术语体系。根据IUPAC(1994)的定义,孔隙宽度小于 2 nm 的称为微孔隙,孔隙宽度在 2 ~ 50 nm 的称为中孔隙或介孔隙,孔隙宽度大于 50 nm 的称为宏孔隙。这一分类基于孔隙大小的结构分类体系,对于定量描述和评价泥页岩的孔隙体积及其分布具有重要意义。

近年来,许多研究者根据孔隙的产状及其与岩石颗粒之间的关系,已经在泥页岩中识别出了多种孔隙类型。这些孔隙类型主要是基于场发射扫描电镜(FE-SEM)和透射电镜(TEM)等的观察而识别出来的。识别出这些孔隙类型对深入分析泥页岩中显微孔隙的成因起到了重要的指导作用。

6.1.1　　　孔隙类型划分方案

分类要本着科学性、客观性、适用性和统一性的基本原则。一个合理的分类首先要依据科学的原理,同时要遵循客观的分类标准(如孔隙产出的位置、孔隙的形状大小等),避免使用主观性的参数(如原生、次生等)。一个好的分类还要有普遍的适用性,如既适用于生产,也适用于科学研究。分类的结果要构成一个完整统一的体系,各类别均具有唯一性,类别之间无交叉重叠关系。

页岩气储层作为一种非常规储集体,对于其孔隙类型,目前国际上尚没有统一分类方案。国际上代表性的分类有如Slatt和O'Brien(2011)的分类和Loucks等(2012)的分类;国内主要分类有邹才能等(2013)的分类和于炳松(2013)的分类。

1. Slatt和O'Brien(2011)的分类

Slatt和O'Brien(2011)基于Barnett和Woodford页岩中孔隙类型的研究,将其中的孔隙类型划分为黏土絮体间孔隙、有机孔隙、粪球粒内孔隙、化石碎屑内孔隙、颗粒内孔隙和微裂缝通道六种(图6-1)。

O'Brien(1971,1972)和Bennett等(1991)发现絮状黏土矿物集合体中的片状黏土矿物通过边缘和面、边缘和边缘、面和面之间的定向接触形成"纸房构造"。O'Brien和Slatt在1990年报道了一些古代具微层理构造页岩中絮状黏土矿物的实例,但无法解释这些开放的孔隙是如何在经过数亿年的埋藏和成岩作用后仍被保存下来的。尽管对于这种现象的解释仍然存在疑问,但事实是絮状黏土矿物中观察到的絮体之间的开放的孔隙或"纸房构造"提供了大于甲烷分子3.8 nm直径的孔隙。这些孔隙彼此连通可以形成渗透通道。因此,页岩中保留的开放的或部分崩塌的絮状物的存在可以被认为是黏土片之间粒间孔隙存在的场所。然而,其他贫粉砂和富黏土矿物的页岩和泥岩,在薄片和SEM中都已经观察到了单个颗粒平行线状排列的现象。除非线状排列的颗粒被完全胶结,否则它们之间便会有纳米级孔隙的存在。

含气页岩中的有机孔自最早在Barnett页岩中被发现以来,已得到了很好的证实。类似的有机孔也存在于其他页岩中,如中国四川盆地的下志留统龙马溪组页岩。这些孔隙形成于有机质的埋藏和成熟过程中。它们分布在页岩基质中以广泛分散状存在的干酪根中,它们的连通程度尚不清楚,而且其变化无疑也相当大,因此它们对渗透率的贡献仍不明了。最近的研究还发现了另一种孔隙类型,它们与被有机质包裹的黏土矿物片共生。在Woodford页岩中,这种孔隙出现在页岩剥裂平面上相互叠置的黏土片之间的空间内。能谱分析表明黏土片外围吸附了一层有机质包壳。

草莓状黄铁矿结核在富有机质页岩中相对常见。它们内部是由许多小的黄铁矿晶体组成的,在这些晶体之间存在着微孔隙。此外,Barnett页岩中的球粒经常集中于毫米至厘米厚的纹层中,并与黏土-粉砂质页岩基质层间互连。扫描电镜观察发现球粒内存在微米级和纳米级的孔隙。

在Barnett和Woodford页岩的一些岩相中，存在大量化石，包括完整的和破裂的腕足类和腹足类、有孔虫和结核里完整的腹足类，这些碎片有些是多孔的。被压平的藻类遗体仍保存有毫米和亚毫米级的孔隙。细长的硅质海绵针状体在Barnett页岩中很常见。它们最初有一个中央腔，在埋藏过程中，腔内可能部分或完全由次生石英、黏土或埋藏中的有机颗粒充填。

在Barnett和Woodford页岩基质中存在着不同大小和形状的微通道。它们通常是弯曲的、不连续的，与层理面近似平行的。用扫描电镜观察时，它们通常不能延伸到整个页岩样品的视域中，一般小于0.5 cm。这些特点说明微通道不是由于岩心从井下取出后压力释放等人工原因造成的，也不是在准备过程中破碎样品导致的，而是代表了初始微通道是在未受干扰的页岩基质中保存下来的。微通道宽度通常小于

图6-1 页岩孔隙类型分类（Slatt和O'Brien, 2011）

孔隙类型	示意图	特 征
黏土絮体间孔	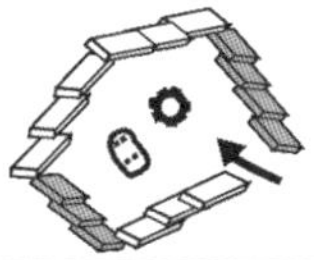	片状之间以边-边或边-面形式接触，孔隙直径在几十微米，有些孔隙是连通的
有机孔	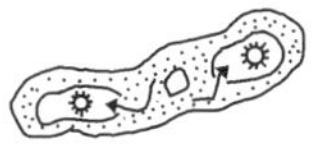	孔隙发育在表面光滑的干酪根上，孔隙在纳米级别，一般是孤立的，也可能覆盖在黏土矿物表面
粪球粒内孔隙	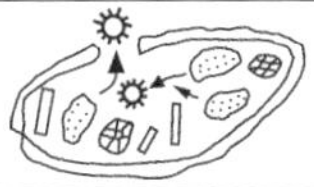	粒内孔隙方向不定，呈椭圆或圆形，粪球为沙粒大小
化石碎屑内孔隙	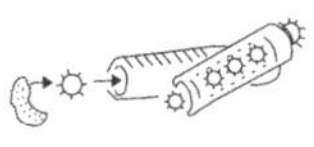	富含化石的孔隙包括海绵骨针，放射虫类和孢子类。其内部的腔室可能是空的，也可能被碎屑或自生矿物充填
颗粒内孔隙	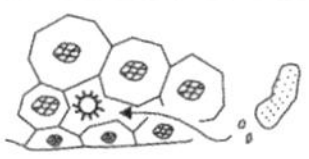	草莓状黄铁矿等含孔颗粒具有晶体，内部的孔隙颗粒是次生来源，通常分布在页岩基质中
微裂缝	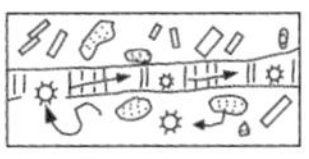	通常为纳米级到微米级的、线性的、未充填的裂缝

　片状黏土矿物　　　　有机孔　　　　砂级颗粒
　化石碎片　　　　　　气体　　　　　气体运移方向
　微裂缝

0.3 μm，宽度足够为气体分子提供渗透途径。Barnett和Woodford页岩中还存在各种规模的裂缝，这些裂缝在页岩性质的各种组织研究中很重要，尤其是那些与钻井和人工压裂处理有关的特性。

2. Loucks等（2012）的分类

Loucks等（2012）提出了一种泥页岩储层基质孔隙分类方案。他们的分类是一个三端元分类，把基质孔隙分成三种基本类型，即粒间孔隙、粒内孔隙和有机质孔隙。前两种孔隙类型与矿物基质有关，第三种类型与有机质有关（图6-2）。裂缝孔隙由于不受单个基质颗粒控制，故不在其基质孔隙分类之列。与矿物颗粒有关的孔隙可进一步细分成粒间孔和粒内孔，前者发育在颗粒之间和晶体之间，后者发育于颗粒内部。有机质孔隙是发育在有机质内部的粒内孔。

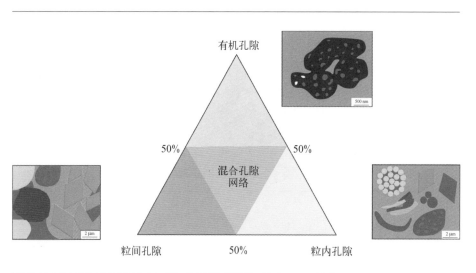

图6-2　泥页岩储层基质孔隙分类方案（Loucks等，2012）

粒间孔：粒间孔在年轻或浅埋藏的沉积物中很丰富，且通常连通性好，形成有效的（可渗透的）孔隙网络。然而，这一孔隙网络随着埋深增加、上覆压力和成岩作用的加强而不断演化。在刚沉积时，在软的和塑性的到硬的和脆性的各种颗粒间存在粒间孔。塑性颗粒如黏土片、泥屑（成因不确定的泥晶颗粒）、粪球粒和有机质，脆性颗粒如石英、长石、自生黄铁矿和生物碎屑。在埋藏过程中，塑性颗粒可发生变形而封闭粒间孔隙空间并挤入孔隙喉道。在较老和埋藏较深的泥页岩中，粒间孔隙的量由于压实和胶结作用而显著降低。孔隙的分布相对稀少,且除了局部以外,几乎均显示优势的定向性。许多孔隙呈三角形,它们被认为是经压实和胶结作用的刚性颗粒之间的残余孔隙空间。其他一些孔隙呈线状产出,这些孔隙被认为是较大的黏土矿物片之间的残余孔隙。大多数孔隙空间的长度在 1 μm 以内,但可以从 50 nm 到几毫米。有些粒间孔可以发育在许多塑性颗粒围绕着刚性颗粒弯曲的地方,也有的保存在一群刚性颗粒形成的遮蔽作用下,阻止了其间塑性颗粒的压实。粒间孔隙不仅仅由于压实作用而降低或破坏,还受颗粒如石英、方解石和长石等周边的胶结作用的影响。

粒间孔隙的成因是多变的,而且这些孔隙的几何形态由于受原始孔隙保存和成岩改造的共同作用而明显不同。因此,为了正确认识其成因,通常需要对其演化历史进行详细的研究。

粒内孔隙:粒内孔发育在颗粒的内部。尽管这些孔隙的大多数可能是成岩改造形成的,但也有部分是原生的。粒内孔主要包括:① 由颗粒部分或全部溶解形成的铸模孔;② 保存于化石内部的孔隙;③ 草莓状黄铁矿结核内晶体之间的孔隙;④ 黏土和云母矿物颗粒内的解理面(缝)孔;⑤ 颗粒内部孔隙(如球粒或粪球粒内部)。粒内孔隙的大小通常从 10 nm 到 1 μm。

裂缝孔隙:裂缝孔隙并不包含在基质孔隙分类方案中,但这些非基质孔如果存在并没有被完全充填,则在页岩气系统中可能是非常重要的。在有天然裂缝存在的泥页岩储层中,裂缝对烃类的生产可以起到十分重要的作用。有些泥页岩储层中的裂缝虽然被胶结物充填且失去了渗透性,但是这些裂缝对于开发时增加诱导裂缝仍有重要的影响。

3. 邹才能等(2013)的分类

在非常规储层纳米级孔喉分类中,考虑到与常规储层孔喉分类的连续性、方案简便性、普适性与科学性,邹才能等首先根据成因,将孔喉分为原生微孔与次生微孔;然后根据孔隙发育位置分为粒间孔与粒内孔,考虑到有机质孔与微裂缝的特殊性,也将它们列入二级孔喉类型中;最后根据孔喉周围基质类型对孔喉进行细化命名(表6-1)。这里兼顾了孔隙成因与发育位置,以便进一步展示不同类型孔隙与储层物性之间的关系。

表6-1 泥页岩储层微观孔喉成因分类方案

孔隙原因		原生孔		次生孔					实例
孔隙位置		粒间微孔	晶间微孔	粒内孔隙		粒间溶蚀微孔	微裂缝		
				有机质微孔	矿物颗粒内部				
		石英、长石、云母等颗粒间	原生黏土矿物等晶间孔	有机质内部微孔/不存在	矿物颗粒内部	矿物颗粒	均可发育		
泥页岩	孔隙连通性	孤立或连通	孤立	连通或孤立	连通或孤立	连通	较连通或较孤立		四川 T_3x, S; 鄂尔多斯 T_3y
	发育程度	少量	少量	发育	较发育	较发育	少量		
	孔隙大小（孔隙直径）	8～610 nm, 平均230 nm	60～100 nm, 平均30 nm	15～890 nm, 平均200 nm	10～610 nm, 平均270 nm	10～4 080 nm, 平均1 200 nm	50～1 800 nm, 平均600 nm		

4. 于炳松（2013）的分类

于炳松（2013）在充分调研和系统总结国际上有关页岩气储层孔隙分类现状的基础上，结合页岩储层的特殊性，提出了页岩气储层孔隙的产状结构综合分类方案（表6-2）。该孔隙分类主要依据两大客观参数：一是孔隙大小；二是孔隙产状。前者是结构参数，可用于定量测定与评价；后者是空间参数，可用于定性观察和半定量描述。

该方案综合考虑了孔隙定性观察和定量测定的信息。根据定性观察的孔隙产状，把页岩气储层的孔隙类型划分为与岩石颗粒发育无关的和与岩石颗粒发育有关的两大类。前者即为裂缝孔隙，后者为岩石基质孔隙。岩石基质孔隙大类又进一步分成了发育在颗粒和晶体之间的粒间孔隙、包含在颗粒边界以内的粒内孔隙和发育在有机质内的有机质孔隙。年轻的浅埋藏沉积物中只含有粒间和粒内孔隙，这些孔隙随着埋藏和压实而大大减少。随着埋深的增加，伴随着烃类的热成熟，有机孔隙开始发育，同时，随着烃类热成熟过程中有机酸的排放，导致溶解孔隙的形成。再结合定量测定的孔隙结构信息，把孔隙划分为微孔隙、中孔隙和宏孔隙。上述不同产状孔隙类型的结构特征，即构成了文中的产状结构综合分类。

表6-2 页岩气储层孔隙分类

分类依据与类别		孔隙类型												
大类		岩石基质孔隙											有机质孔隙	裂缝孔隙
类		矿物基质孔隙											有机质孔隙	
		粒间孔隙				粒内孔隙							有机质孔隙	
亚类		颗粒间孔隙	晶间孔隙	黏土矿片间孔隙	刚性颗粒边缘孔隙	黄铁矿结核内晶间孔隙	黏土集合体内矿片间孔隙	球粒内孔隙	颗粒边缘孔隙	化石体腔孔隙	晶体铸模孔隙	化石铸模孔隙	有机质内孔隙	裂缝孔隙
孔隙产状与类别	微孔隙（<2 nm)	颗粒间微孔隙	晶间微孔隙	黏土矿片间微孔隙	刚性颗粒边缘微孔隙	黄铁矿结核内晶间微孔隙	黏土集合体内矿片间微孔隙	球粒内微孔隙	颗粒边缘微孔隙	化石体腔微孔隙	晶体铸模微孔隙	化石铸模微孔隙	有机质内微孔隙	少
	中孔隙（2~50 nm)	颗粒间中孔隙	晶间中孔隙	黏土矿片间中孔隙	刚性颗粒边缘中孔隙	黄铁矿结核内晶间中孔隙	黏土集合体内矿片间中孔隙	球粒内中孔隙	颗粒边缘中孔隙	化石体腔中孔隙	晶体铸模中孔隙	化石铸模中孔隙	有机质内中孔隙	少
	宏孔隙（>50 nm)	颗粒间宏孔隙	晶间宏孔隙	黏土矿片间宏孔隙	刚性颗粒边缘宏孔隙	黄铁矿结核内晶间宏孔隙	黏土集合体内矿片间宏孔隙	球粒内宏孔隙	颗粒边缘宏孔隙	化石体腔宏孔隙	晶体铸模宏孔隙	化石铸模宏孔隙	有机质内宏孔隙	裂缝宏孔隙
孔隙结构与类别	孔隙示例													

注：孔隙示例图片据 Loucks 等（2012）修改。

6.1.2 矿物粒间孔

粒间孔即矿物颗粒之间的孔隙。粒间孔隙形状多样,方向性不明显,孔径多数为微米级,纳米级孔隙也常见,且孔隙分布多集中在晶形较好、晶体粗大的刚性颗粒周围,主要是在石英和黄铁矿周围比较多。

一般来说,矿物颗粒越大,其粒间孔越大,如黄铁矿的粒间孔一般在100 nm以上,而黏土矿物的粒间孔一般在100 nm以下;总体而言,矿物粒间孔一般在80 nm以上(图6-3、图6-4)。

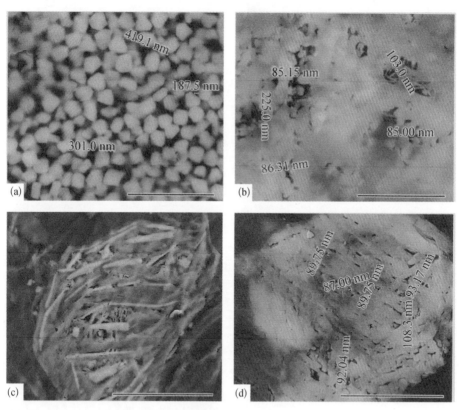

图6-3 粒间孔的扫描电子显微镜图像(韩辉等,2013)

(a)黄铁矿晶间孔(Bar=5 μm)(鄂尔多斯盆地延长组长7泥岩);
(b)黏土矿物间孔(Bar=2 μm)(四川盆地牛蹄塘组页岩);
(c)菱铁矿晶间孔(Bar=30 μm)(花海盆地中沟组泥岩);
(d)矿物晶间孔(Bar=4 μm)(民和盆地窑街组页岩)

图6-4 Ursa盆
地上新世-更新世
线埋藏富黏土的泥
岩扫描电镜图片
Loucks, 2012)

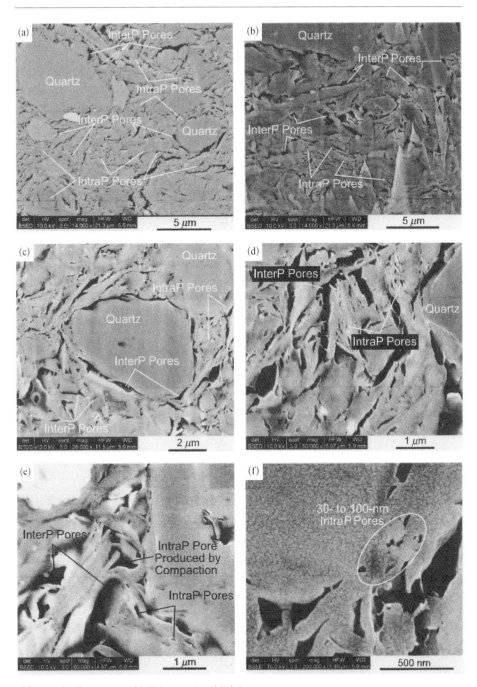

其中Quartz为石英，InterP Pore为粒间孔，IntraP Pore为粒内孔。

我国南方海相页岩经历长时间的地质演化,埋藏深度大,有机质成熟度高。从重庆市彭水县鹿角剖面和渝页1井的样品中可以看出,石英与有机质接触的地方出现较多的粒间孔隙,粒间孔隙多在1 μm左右,为细长状[图6-5(a)]。孔隙在数量上是不少的,且孔隙主要出现在刚性矿物之间[图6-5(b)]。片状伊利石中孔隙连通性较好[图6-5(c)]。与露头样品相比,井下样品随着埋藏加深,由于压实和胶结作用等,粒间孔隙不断减小,颗粒与颗粒之间更加紧密[图6-5(d)]。通常孔隙比较分散,且方向性不明显。有些孔隙呈现三角形,可能是刚性矿物受到压实作用形成的。在有机质与石英或黏土矿物之间,也存在一些粒间孔隙,孔隙呈细长状,微米级[图6-5(e)]。塑性颗粒多受压实作用而流入刚性颗粒之间,使得粒间孔隙明显减小,且多为纳米级[图6-5(f)]。

6.1.3   矿物粒内孔

粒内孔隙是在颗粒之内存在的孔隙,来源多样,而且由于原生孔隙的保存和成岩作用的改变等,孔隙形状变化各异。主要包括片状黏土粒内孔隙(压实或变形导致)、草莓状黄铁矿晶间孔隙、溶蚀孔隙(图6-6、图6-7)。粒内孔隙少部分是原始的,但多数都是后期成岩作用形成的。由于机械压实作用,原生粒内孔隙多数被破坏或是被胶结物所充填,后期溶蚀作用又比较强烈,从而形成较多的粒内孔隙。溶蚀孔主要是泥页岩中的方解石、磷灰石、长石等在溶蚀作用下产生的粒内孔隙(图6-7)。研究发现长石发生溶蚀的现象比较明显,一些长石发生部分溶蚀形成的溶蚀孔多呈不规则状,大小不一,并且多被伊利石等黏土矿物充填;另一些长石则完全被溶蚀,溶蚀孔多在5 μm左右,特别是在井下样品中出现频率较大。石英发生溶蚀后多被有机和黏土物质等填充,此类溶蚀孔隙相对较小,多在1 μm以下。草莓状黄铁矿晶内孔隙,形状大小不一,孔隙丰富。有些黄铁矿晶体发生脱落形成晶间孔,黄铁矿周围或内部经常存在有机质残余黏液(图6-6)。黏土矿物的集合体常呈现片状而提供一定的粒内孔隙,特别是片状伊利石形成的粒内孔隙较丰富,呈细长状,这些孔隙多数在200 nm以下,方向性较好,部分孔隙中充填有机质黏液。

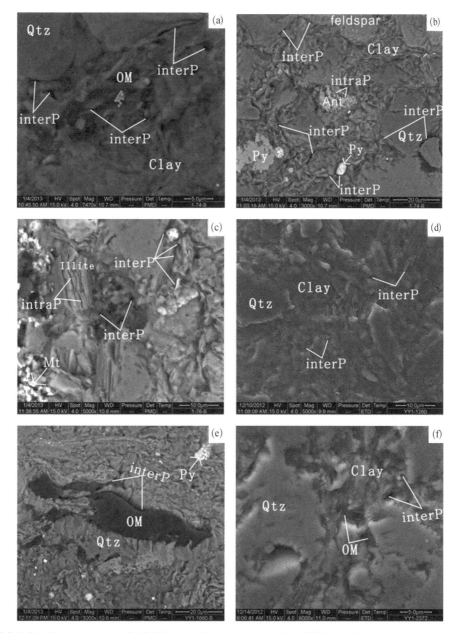

图6-5 渝东南地区下志留统龙马溪组黑色页岩粒间孔隙

其中图（a）（b），TOC＝1.22，采于鹿角剖面；图（c），TOC＝0.86，采于鹿角剖面；图（d），TOC＝1.02，R_o＝1.93%，采于渝页1井；图（e），TOC＝1.35，R_o＝2.10%，采于渝页1井；图（f），TOC＝1.63，R_o＝1.92%，采于渝页1井；OM表示有机质、Qtz表示石英，Clay表示黏土矿物，Py表示黄铁矿，Illite表示伊利石，Feldspar表示长石，interP表示粒间孔，intraP表示粒内孔，WD表示工作距离，HV表示加速电压。

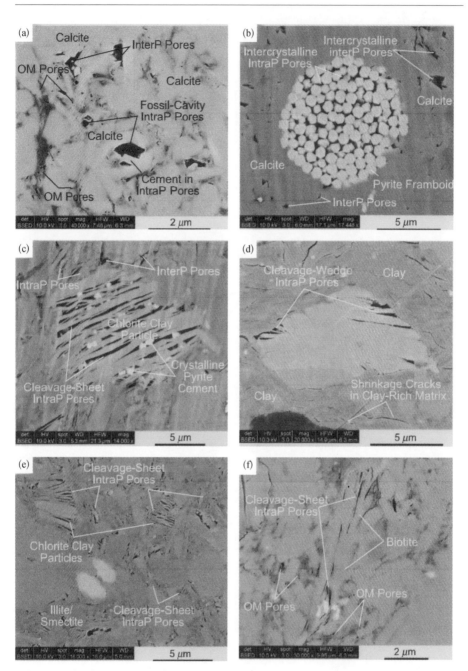

图 6-6
泥岩粒内
孔隙扫描
电镜图
(Loucks,
2012)

其中，OM Pore 表示有机孔，IntraP Pore 表示粒内孔，InterP Pore 表示粒间孔，Pyrite framboid 表示草莓状黄铁矿，Calcite 表示方解石，Clay 表示黏土矿物，Illite/Skectite 表示伊/蒙混层，Dolomite 表示白云石。

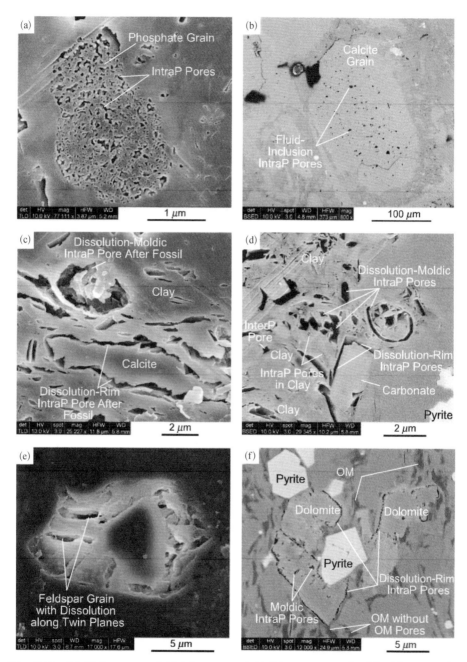

图6-7 泥岩粒内
孔隙扫描电镜图
（Loucks，2012）

其中，OM Pore表示有机孔，IntraP Pore表示粒内孔，InterP Pore表示粒间孔，Pyrite framboid表示草莓状黄铁矿，Calcite表示方解石，Clay表示黏土矿物，Dolomite表示白云石。

6.1.4　有机孔

　　有机质孔隙是发育在有机质内的粒内孔隙。研究已经发现，只有当有机质的热成熟水平R_o达到大约0.6%或以上时，有机孔隙才开始发育，而这正好是生油高峰的开始。当R_o低于0.6%时，有机孔不发育或极少发育。Reed和Loucks（2007），Ruppel和Loucks（2008），以及Loucks等（2009）最早描述了Fort Worth 盆地Barnett 页岩中的有机孔及其孔隙网络。此后，其他的研究也报道了Barnett 页岩中丰富的这类孔隙。Ambrose等（2010）和Sondergeld等（2010）利用扫描电镜–聚焦离子束（SEM–FIB）分析展示了这些有机孔通过颗粒的接触面构成了一个相互连通的三维有效孔隙网络（图6-8、表6-3）。

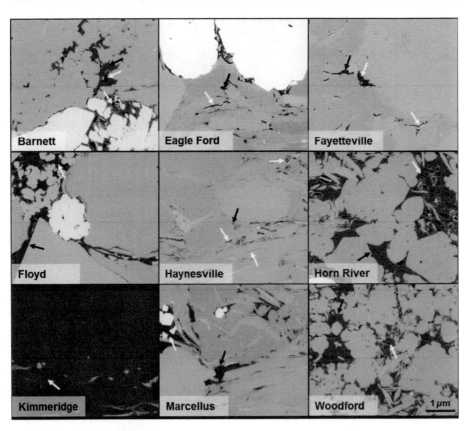

图6-8　不同地区页岩有机孔隙图像（图中黑色箭头代表有机质，白色箭头代表有机孔，Curtis, 2012

注：图中各页岩地层的分布位置及年代。

组	位 置	年 龄
Barnett	得克萨斯州北部	密西西比世
Eagle Ford	得克萨斯州南部	白垩世
Fayetteville	阿肯色州	密西西比世
Floyd	密西西比州和亚拉巴马州	密西西比世
Haynesville	得克萨斯州东部和路易斯安那州西北部	晚侏罗世
Horn River	加拿大不列颠哥伦比亚省东北	泥盆世
Kimmeridge	英国	晚侏罗世
Marcellus	俄亥俄州,宾夕法尼亚州,纽约和西弗吉尼亚州	泥盆世
Woodford	俄克拉荷马州	晚泥盆世-早密西西比世

这类孔隙的丰度最近在许多其他页岩系统中得到了很好的研究。有机孔具有不规则状、气泡状、椭圆状的形态,通常其长度在5～750 nm。这些孔隙在二维平面上常呈现孤立状,但在三维空间上,它们是相互连通的(图6-9),这已为现代的SEM-FIB分析所证实。单个样品中一个有机质颗粒中的孔隙度数量从0到40%。Curtis等(2010)在有机颗粒中识别出高达50%的孔隙度。有些有机质具有继承性结构,这种结构控制了颗粒内孔隙的发育与分布。并不是所有的有机质类型都易于形成有机孔。目前有限的研究数据表明,Ⅱ型干酪根比Ⅲ型干酪根更易于发育有机孔。

有机质纳米孔来源于有机质成藏和热演化过程,在这一过程中由于地质环境发生改变而发育众多微小孔隙或裂缝,有机质则主要沿微层理面或沉积间断面分布,容易形成相互连通的孔隙网络,渗透性较好。有机质本身的亲油性使有机质纳米孔成为吸附天然气的重要存储空间。图6-10展示的页岩样品采自四川盆地下寒武统牛蹄塘组以及西北地区宁夏南部六盘山盆地下白垩统乃家河组,页岩样品的岩性与地球化学参数见表6-4。牛蹄塘组黑色页岩属海湾相黑色炭质泥页岩,夹有粉砂质页岩和硅质岩。下白垩统乃家河组以温暖潮湿气候条件下稳定沉积的河湖相、湖泊相泥质页岩为主。

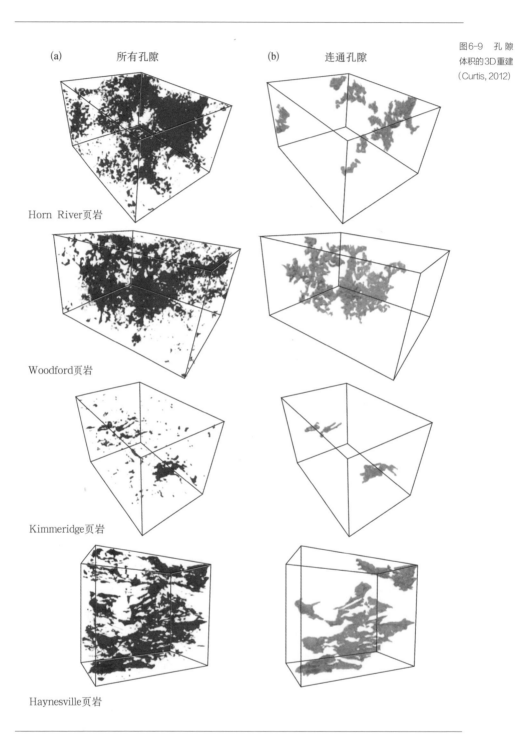

(a) 所有孔隙　　(b) 连通孔隙

Horn River页岩

Woodford页岩

Kimmeridge页岩

Haynesville页岩

图6-9 孔隙体积的3D重建（Curtis, 2012）

图6-10 页岩样品扫描电镜图(杨峰等,2013)

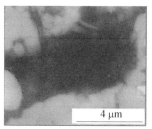

(a) 有机质纳米孔,锰64井,
54.6 m

(b) 椭圆形有机质纳米孔,
锰64井, 60.6 m

(c) 不规则形状纳米孔,
锰64井, 104.7 m

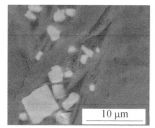

(d) 有机质纳米孔周围散布
黄铁矿颗粒,锰64井, 60.6 m

(e) 弯月状有机质纳米孔,
ZK-Ⅱ-1井, 1 022.49 m

(f) 低成熟有机质不发育孔隙,
ZK-Ⅱ-1井, 985.26 m

表6-4 页岩样品的岩性与地球化学参数(杨峰等,2013)

井号	采样深度/m	年代	地层	岩性	有机碳含量/%	成熟度/%
ZK-Ⅱ-1	958.26	下白垩统	乃家河组	深灰色钙质泥岩	0.68	0.6
ZK-Ⅱ-1	1 022.49	下白垩统	乃家河组	深灰色钙质泥岩	0.50	1.0
锰64	54.60	下寒武统	牛蹄塘组	黑色泥岩	9.15	2.3
锰64	60.60	下寒武统	牛蹄塘组	黑色泥岩	8.43	2.2
锰64	104.70	下寒武统	牛蹄塘组	黑色泥岩	3.73	2.7

在干酪根向油气的热转化过程中,有机体内残留了纳米级孔隙。由于泥页岩中有机质含量(TOC)是以重量百分比来表示的,它的体积百分比大约是重量百分比的2倍。Jarvie等(2007)认为,对于6.41%质量的TOC平均值,如果有机质的密度为1.18 g/cm³,那么TOC的体积百分比大约是12.7%。当热成熟度处于生干气窗时(R_o = 1.4%),有机质分解大约可产生4.3%的体积孔隙度。对于Barnett页岩,Sondergeld测试了9个样品,有机质纳米孔平均为2.2%,最小为1.5%,最大

为3.2%；Loucks（2010）等测试结果是，纳米孔隙直径分布在5～750 nm，平均为 100 nm，孔隙体积为5%。Wang等（2009）根据假设的纳米孔占有机质体积为10%，估算了Barnett、Marcellus和Hayneville这3套不同页岩的平均有机质纳米孔孔隙，分别为1%、1.2%和0.7%。我国四川盆地威远地区和长宁地区，泥页岩有机质纳米孔也比较发育。统计结果揭示：① 有机质纳米孔占泥页岩总孔隙的平均值为31.74%，占岩石体积的平均值为1.8%；② 有机质纳米孔与TOC含量和R_o值成正比，TOC值大于3%，R_o值大于1.3%是形成有机质纳米孔的有利条件（表6-5）。但在电镜观察中发现到同一个视域的有机质，有的部位孔隙很发育，而其有的相邻部位却没有孔隙（图6-11），可见有机质孔不仅受热演化程度的控制，还可能受有机质的物质组成差别的影响。

表6-5 实测泥岩有机质纳米孔统计结果（郭秋麟等，2013）

泥页岩	TOC/%	R_o/%	总孔隙度/%	有机质占有机质体积/%	纳米孔占岩石体积/%	纳米孔占总孔隙体积/%
Barnett	5.0	1.50	5.00	30	4.29	85.8
Haynevill	3.5	1.80	12.00	34	3.60	30.0
Marcellus	6.0	1.05	6.50	4	0.50	7.7
四川长宁龙马溪组	3.3	3.08	5.88	10～25	1.35	34.2
四川威远龙马溪组	2.7	2.42	5.46	8～15	0.70	12.8
鄂尔多斯盆地延长组	6.1	0.73	1.90	1～5	0.38	20.0
平均	4.40	1.76	6.12	14.70	1.80	31.74

6.1.5　裂缝

天然裂缝发育程度是影响页岩气开发的主要条件之一。具有低泊松比、高弹性模量、富含有机质的脆性泥页岩层段易于产生裂缝，有助于页岩层中游离态天然气的增加和吸附态天然气的解吸。但实际上，裂缝对页岩气（藏）具有双重作用：裂缝系统既是气体的主要储存空间，也是渗流的主要通道，有助于页岩气总含气量的增加。由于页岩具有非常低的原始渗透率，天然裂缝发育不够充分的地区需要进行压

图6-11 有机质孔的扫描电子显微照片(韩辉等,2013)

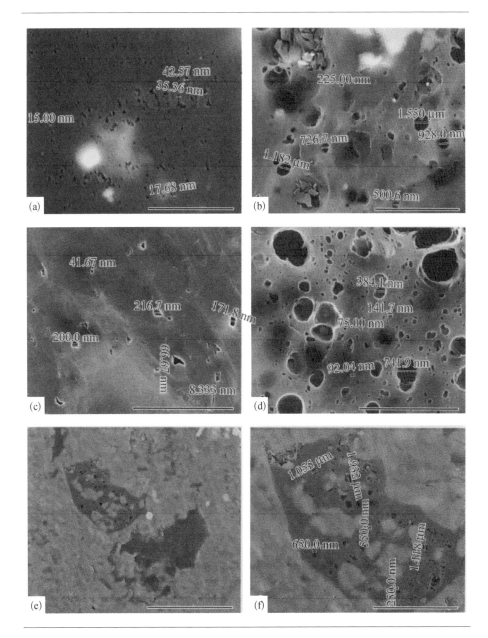

裂来产生更多的有效裂缝与井筒相连,为页岩气解吸提供更大的压降和面积。因此,页岩水力压裂应该尽量选择天然裂缝发育程度高的层位。水力压裂是改善储层裂缝系统、增加渗流通道的最有效方法。然而,如果压裂规模过大,可能导致天然气散失。

因此,裂缝的研究对于页岩气的勘探和开发具有重要意义与影响(杨迪等,2013)。

黄振凯等(2013)在研究松辽盆地白垩系青山口组泥页岩孔隙结构特征时发现,泥页岩样品中发育大量微米-纳米级微裂缝,主要有充填缝、溶蚀缝等。图6-12(a)为样品中被方解石半充填形成的泥质裂缝,剩余缝宽1～3 μm;图6-12(b)为泥质中的溶蚀裂缝,缝宽3～5 μm,其成因与溶蚀孔隙相似;图6-12(c)为聚集离子速扫描电镜观察的薄片状伊利石层间缝,缝宽在40 nm左右;图6-12(d)为利用二次电子成像观察到的样品中亚微米级(纳米级)微裂缝的平面分布,缝宽120～400 nm,这些较大规模的裂缝与其他孔隙相连组成裂缝网络-孔隙系统。

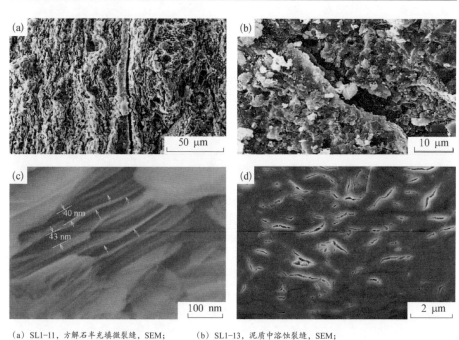

图6-12 松辽盆地白垩系青山口组泥页岩中发育的微裂缝(黄振凯等,2013)

(a) SL1-11,方解石半充填微裂缝,SEM;　(b) SL1-13,泥质中溶蚀裂缝,SEM;
(c) SL1-15,薄片状伊利石层间缝,FE-SEM;　(d) SL1-22,微裂缝的平面分布,FE-SEM

实验发现页岩中的有机质颗粒、骨架矿物、黏土矿物都能发育微裂缝(图6-13)。页岩中的微裂缝主要有两种类型,一种发育在颗粒内部,另一种发育在碎屑颗粒边缘。颗粒内部的微裂缝一般比较平直,曲折度较小,少有胶结物充填。颗粒间的微裂缝呈锯齿状弯曲。微裂缝长度为5.5～12 μm,裂缝间距可达50 nm以上,但很少延伸至整个切片表面。存在微裂缝的区域,岩石脆性指数较高,易形成微裂缝网络,从而成为页岩中微观尺度上油气渗流的主要通道。裂缝可以有效地改善储层的渗流能力,裂缝发育程度是评价储层好坏的重要指标。但是针对页岩储层,具有裂缝不一定是有利因素。天然裂缝的大规模发育使页岩作为盖层的保护作用降低,从而导致气体的流失。好的页岩储层是"可压裂性好"、广泛发育微裂缝的储层。扫描电镜观察到页岩中微裂缝发育位置多样,有机质、骨架矿物等中都可发育,其长度一般在微米级。页岩内部若广泛发育短裂缝,既有利于游离气的大量存储,又可以显著地提高储层的渗透性。

图6-13 页岩中的微裂缝(杨峰等,2013)

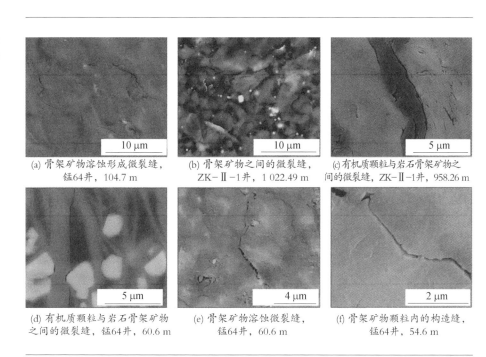

(a) 骨架矿物溶蚀形成微裂缝,锰64井,104.7 m

(b) 骨架矿物之间的微裂缝,ZK-Ⅱ-1井,1 022.49 m

(c) 有机质颗粒与岩石骨架矿物之间的微裂缝,ZK-Ⅱ-1井,958.26 m

(d) 有机质颗粒与岩石骨架矿物之间的微裂缝,锰64井,60.6 m

(e) 骨架矿物溶蚀微裂缝,锰64井,60.6 m

(f) 骨架矿物颗粒内的构造缝,锰64井,54.6 m

研究表明广泛发育的垂直层面的裂缝,主要受构造作用形成。此种裂缝利于各层系间气体的串通,特别是高碳页岩与硅质页岩等薄层极易形成裂缝。而微型裂缝主要在扫描电镜下观测到,为纳米级与微米级的裂缝,一般为黏土矿物脱水与烃类热增压等非构造成因形成的。微裂缝的发育对页岩低渗流至关重要,它是吸附气体经过解吸成为游离状态的主要通道。

6.2   页岩孔隙演化

泥页岩中孔隙演化的机制包括热演化控制、黏土矿物含量控制和机械压实控制等,国外学者对于各类孔隙的控制因素也进行了初步的探讨。

泥岩的初始孔隙度受控于泥岩中的黏土颗粒大小、黏土矿物组成以及沉积建造。沉积压实和胶结作用导致孔隙的减小,泥页岩孔隙度的减小还受沉积速度等影响。

6.2.1   矿物基质孔隙演化

众所周知,随着埋深的增加,压实作用和胶结作用不断增强,岩石中孔隙体积由原先的60%～80%下降到小于10%。如北美一些页岩气系统中的孔隙度: Barnnet页岩,4.0%～9.6%; Haynesville页岩,8%～15%; Fayetteville页岩,4.0%～5.0%; Pearsall页岩,6.0%～11.5%; Eagle Ford页岩,3.4%～14.6%。压实和埋藏成岩作用过程复杂,受原始矿物组分、结构、构造、有机质含量、流体、埋深等因素影响。在埋藏成岩过程中,机械作用最明显,特别是在刚开始的几千米内,此时矿物成岩作用还没有进行,压实作用的速率最大。因此在埋藏的早期,粒间孔隙和粒内孔隙减少主要是由于压实作用,且这期间塑性颗粒会发生变形流入刚性颗粒的粒间孔隙中,进而加剧了粒间孔隙的减小。早期的胶结作用可能形成碳酸盐矿物、黄铁矿或磷酸盐矿物。随着埋深的增加,蒙脱石逐渐转变为伊利石,此间发生了离子替换和体积的转变。泥岩中碳酸盐矿物和长石的溶解作用比较显著。随着埋深的增加,文石不稳定,发生了溶解(图6-14)。

6.2.2   有机孔隙演化

有机质孔隙的演化存在两个级别的控制(图6-15)。第一个级别是有机质显微组成差异,有些显微组分在生烃过程中不发生降解故不存在孔隙。第二个级别受控于成熟度的演化,随着演化成熟的增加而增加,生烃早期可能由于生烃在干酪根内的

图6-14 埋藏成岩
过程中泥岩中孔隙
演化历史（Loucks,
2012）

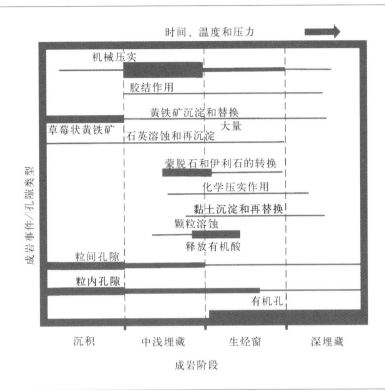

图6-15 页岩孔隙
演化规律简图（崔
景伟等,2012）

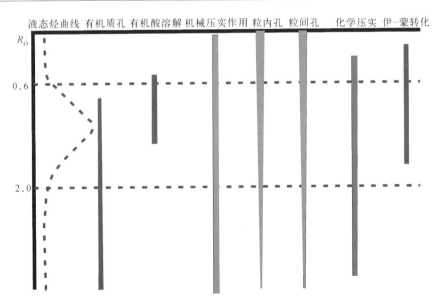

膨胀而导致生成孔隙不能识别。

钙质孔隙的演化受页岩成熟度和流体的影响。Fort Worth 盆地的巴内特黑色钙质硅质页岩已经被证实主要是纳米尺度的孔隙,通过对比低成熟度页岩(< 0.7% 甚至 < 0.5%)和高成熟度页岩(> 1.1%)的纳米孔隙发现,低成熟度页岩钙质颗粒中很少或者没有孔隙,而高成熟度的页岩钙质中形成大量的亚椭圆形或者矩形的孔隙,颗粒内部的孔隙度约为20%,这显示钙质颗粒内部的孔隙可能与页岩内有机质成熟生烃排酸有关(图6-16)。

与矿物基质孔隙由于压实和胶结作用随着埋深的增加而减少的情况相比,有机质孔隙随着埋深和热成熟度的增加而增加。

6.3 页岩孔隙发育主控因素

影响孔隙发育的因素有很多,包括沉积环境、沉积相、演化历史、成岩作用阶段、有机碳含量、矿物组成等。

早期研究中Schettler等通过对美国泥盆系页岩钻井中的测井曲线进行分析后,认为岩石孔隙是页岩气的主要存储场所,提出精确评估储层孔隙体积是页岩气研究中的核心问题。随着页岩气研究的深入,Chalmers等通过对北美页岩孔隙的深入研究表明:在页岩气储层的孔隙体系中,纳米级微孔的体积分数与甲烷吸附能力成正相关,并受TOC含量高低的控制。随之众多的研究均表明页岩气储层孔隙中纳米级微孔的孔隙体积及其比表面积是影响页岩含气量的最重要因素之一。虽然矿物成分对页岩孔隙结构和比表面积的影响在泥盆系-密西西比系页岩中十分明显,但究竟是哪一种矿物成分主要控制纳米级微孔的孔隙体积及其表面积仍存在争议:① 黏土矿物具有较高的微孔隙体积和较大的比表面积(吸附性能较强);② 有机质中总有机碳含量和干酪根类型控制了纳米级微孔的大小。Ross 和 Bustin 对加拿大的有机质贫乏、铝硅酸盐富集的 Fort Simpson 组页岩和硅质富集、铝硅酸盐贫乏的 Beas 组页岩下段样品的研究,充分表明了不同层位的页岩中,对页岩孔隙大小的控制因素有明显的差异,因此对于不同层位的页岩不应一概而论(冉波等,2013)。

图6-16 不同
热成熟度页岩的
扫描电镜图像
（Modica, 2012）

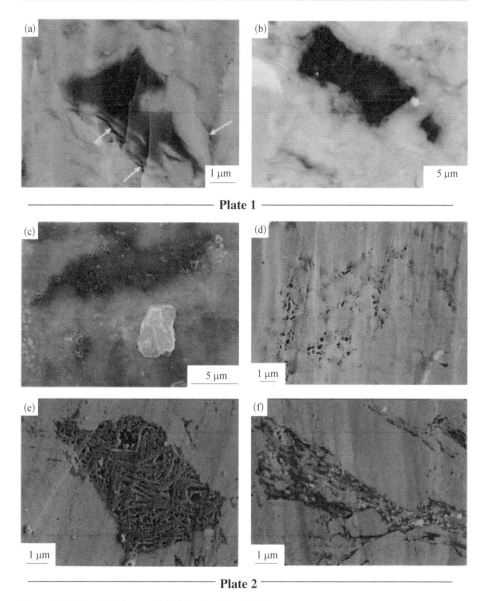

Plate 1

Plate 2

Plate 1 显示的是有机质成熟度 $R_0 = 0.52\%$ 的样品，有机质孔隙不发育；
Plate 2 显示的是 $R_0 = 1.35\%$ 的样品，有机质孔隙发育良好。

6.3.1　沉积相

李延钧(2013)通过研究四川盆地湖相页岩地质特征,总结出湖相页岩储集层的3种发育模式:① 纯页岩。主要发育在深湖区,页岩颜色较深,一般为黑-深黑色,页理发育,该模式页岩储集层的基本特征与国外富气页岩类似,能够形成较为有利的页岩气资源。② 页岩夹灰质条带。主要发育在半深湖区,页岩颜色也较深,页理发育-较发育,介壳灰岩为极薄的条带。③ 页岩夹薄-中层介壳灰岩。沉积环境为浅湖与半深湖过渡区,页岩中夹薄-中层含泥质不等的介屑灰岩,再往滨浅湖方向,灰岩成分增加。

6.3.2　岩性特征

页岩和页岩孔隙是多种多样的,且不同岩石类型中孔隙类型、大小、丰度、形态、连通性均不相同。鄂西建始中二叠统孤峰组硅质页岩(表6-6)中发现较多的矿物质孔隙、有机质孔隙、絮凝物孔隙连通性较好,是比较理想的页岩气勘探岩层;泥质灰岩中矿物质孔隙发育,有机质孔隙和化石物质也较多,但絮凝物和碎屑颗粒之间的孔隙较小,孔隙连通性一般,具备一定的页岩气储集条件;炭质页岩中存在大量呈蜂窝状分布的小孔洞和杂乱分布的微裂隙,主要是有机质孔隙和天然裂缝,孔隙连通性好,最有利于页岩气成藏和勘探开发。

类　型	硅质页岩	泥质灰岩	炭质页岩
絮凝作用孔隙	纸房状结构分布,颗粒之间存在纳米级粒间孔隙,孔径约0.1～2 μm,各颗粒近平行排列	未见	网络状或纸房状结构中的静电荷黏土碎片,孔径大小在2～5 μm,孔隙可能是连通的
有机质化石孔	椭圆形,孔径约6 μm,部分小孔隙与完整的微化石、化石碎片或黄铁矿微球粒有关	未见	破碎的孢子颗粒,大小1～2 μm,内部腔室可能是空的,也可能被碎屑或自生矿物充填
有机质碎片沥青孔	发育有机质颗粒边缘和分布在细粒的基质中,孔隙通常是孤立的,形状从近似球到不规则多边形,最常见的形状是不规则三角形	数量较少,网片状集合体,单孔直径约10 μm	呈蜂窝状分布的小孔洞,存在于有机质碎片或干酪根光滑面上,孔隙直径为纳米级,孔隙性有机包体也可能被吸附于黏土上

表6-6　鄂西建始中二叠统孤峰组不同岩性孔隙特征对比(吴勘 等,2012)

（续表）

类 型	硅质页岩	泥质灰岩	炭质页岩
黄铁矿粒间孔	草莓状集合体直径约8～10 μm，排列紧密，粒间孔空间最小	黄铁矿微球粒较普遍，其内部由许多小的黄铁矿晶体组成，孔径在200～400 nm	黄铁矿微球粒，其微晶体间具有内部孔隙，约400 nm，颗粒通常散布于页岩中
矿物颗粒晶间孔	多见伊利石、高岭石、石英灯晶间孔，呈薄片状、不规则板条状；集合体呈蜂窝状、丝缕状，孔径一般几微米	以碳酸盐岩矿物孔隙为主，孔径小于10 μm	少见
微型通道	基质中大小和形状不一的微型通道，通常呈波状、不连续，并且近平行于层理面	裂隙宽度通常小于5 μm，分布集中	基质中线性纳米级−微米级孔隙，时常横切层理面，大小在纳米级以上
微裂缝	天然裂隙，部分可能被沥青充填，宽度在0.5～2 μm，长度小于20 μm	空间较大，主要为立缝、平缝及斜缝，沿裂缝发现明显的溶蚀扩大作用，进而形成溶孔或溶洞	存在大量的天然裂缝体系，具有高度集群分布特征，宽度变化范围大
钙质化石形成孔隙	不规则形状、椭圆形、三角形，多为长条形，长度从2～5 μm不等	少见	富含动、植物微体化石，发育各种形态的微孔，孔隙度较小
碎屑与围岩间孔	颗粒为石英、长石等，多为近圆形微孔，孔径在3～6 μm	分布广，形状各异，直径在0.2～1 μm	较少，与硅质页岩相似

6.3.3　矿物组成

矿物组成主要包括石英、黏土矿物和碳酸盐岩矿物等。我们根据矿物物理和化学的稳定性，作出了泥岩主要矿物组成的三角图（图6-17）。其中三个极点分别表示：① 石英＋黄铁矿，物理性质和化学性质都比较稳定；② 长石＋碳酸盐矿物＋磷酸盐矿物，物理性质稳定，化学性质不稳定，易溶蚀；③ 黏土矿物，物理性质和化学性质都不稳定，易转化，易变形。

图6-17总结了泥岩中矿物组成对于孔隙演化和保存的影响作用。黏土矿物是塑性矿物，易压实和变形，从而使其物理性质不稳定。很多类型的黏土矿物，特别是蒙脱石，其化学性质不稳定，随着温度的增加易转变为混层矿物或伊利石。石英和黄铁矿是刚性颗粒，不易被压实，从而易形成塑性颗粒被压实时的中心点，所以它们的

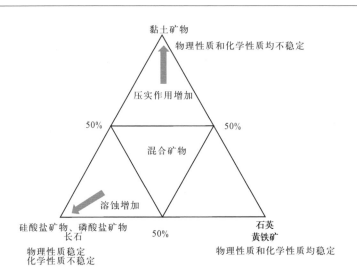

图6-17　泥岩主要矿物三角图（Loucks, 2012）

化学性质和物理性质都很稳定，不易溶蚀。长石、碳酸盐矿物和磷酸盐矿物也是刚性颗粒，相对不易被压实，但是它们化学性质不稳定，易溶蚀而形成粒内溶蚀孔隙。

聂海宽等（2011）在研究四川盆地及其周缘下古生界黑色页岩时发现，石英含量和孔隙度成正相关关系，黏土矿物含量和孔隙度关系不明显，碳酸盐含量和孔隙度成负相关关系（图6-18）。由于页岩在原始沉积的时候，孔隙度非常大，在后期的埋藏、压实、成岩等作用过程中，孔隙度不断减小，而石英为刚性矿物，抗压实能力比较强，因此，随着石英含量的增加，抗压实能力也增加，相应的孔隙度也就较大。碳酸盐岩矿物主要是页岩沉积后演化过程中形成的，主要以方解石的形式充填在原生孔隙或裂缝中，因此，方解石的存在导致孔隙度降低。

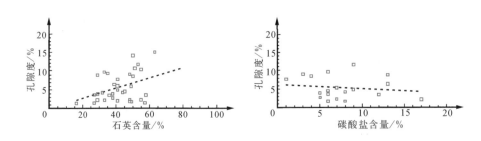

图6-18　四川盆地及其周缘下古生界黑色页岩石英、碳酸盐含量和孔隙度的关系（聂海宽，2011）

6.3.4　　　有机组分

有机岩石学特征也是影响孔隙发育的重要因素。龙鹏宇(2012)在分析渝页1井储层孔隙发育特征及其影响因素时认为,渝页1井主要以镜质组为主,同时含有少量的矿物沥青基质(腐泥组),惰质组和壳质组基本缺失。镜质组纵向上显现3个峰值,且几乎与BET比表面峰值相对应,因此认为随镜质组增多页岩总孔隙体积变大。这是因为镜质组具有很强的生烃能力,且物理化学变化较大,在演化过程中易产生局部异常压力发生破裂,使得镜质组内部及其矿物间普遍发育大量微孔隙和小孔洞,增加了页岩的有机质微孔隙和有机质与矿物间孔隙。中国南方下古生界黑色页岩的显微组分主要表现为镜质组(沥青),缺乏惰质组和壳质组,形状有块状、脉状、碎屑状,呈灰白色(图6-19)。它们在很大程度上影响着有机孔隙的发育。

图6-19　黑色页
岩微观组分

 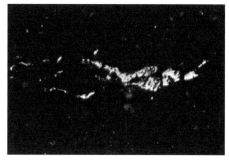

灰白色碎屑沥青(重庆市酉阳县苍岭镇南,下志留统黑色页岩×500)　　灰白色块状沥青(重庆市武隆县鹿角镇,下志留统黑色页岩×500)

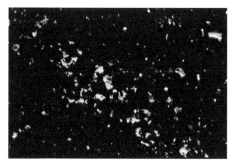 

大量裂解的沥青(湖南省吉首市默戎镇,下寒武统黑色页岩×500)　　灰色碎屑沥青(重庆市秀山县清溪场镇,下寒武统黑色页岩×500)

6.3.5 有机质丰度与成熟度

随着国内页岩气勘探开发的不断兴起,越来越多的测试手段用在了页岩气的调查评价上面,总的来讲,主要包括总有机碳(TOC),氢指数(HI)、$S_1 + S_2$、生烃母质化石组合等有机质丰度与干酪根类型等指标的测试分析,目的是对页岩的有机质类型、有机质丰度进行评价;另外通过泥页岩样品的镜质体反射率(R_o),T_{max} 等指标的鉴定和测试,结合有机质热演化史的模拟分析,主要目的是确定目的层段泥页岩中有机质的热演化序列及初步的时空发育规律(表6-7)。

表6-7 中国页岩与北美页岩地化特征指标(司马立强,2013)

地 区			时代	地层	$W(TOC)/\%$	$R_o/\%$	干酪根类型
北美	福特沃斯		早石炭世	Barnett	1 ~ 13	1 ~ 1.3	Ⅱ
	密执安		泥盆纪	Antrim	0.3 ~ 24	0.4 ~ 0.6	Ⅰ
	伊利诺伊		泥盆纪	New Albany	1 ~ 25	0.4 ~ 1.0	Ⅱ
	阿巴拉锲亚		泥盆纪	Ohio	0 ~ 4.7	0.4 ~ 1.3	Ⅱ
	圣胡安		早白垩世	Lewis	0.45 ~ 2.5	1.6 ~ 1.88	以Ⅲ型为主,少量Ⅱ型
中国	四川盆地		早寒武世	$\in 1q$	0.35 ~ 22.15	1.28 ~ 5.2	Ⅰ ~ Ⅱ$_1$
			早志留世	S11	0.5 ~ 4	2.5 ~ 3.6	Ⅰ ~ Ⅱ$_1$
	济阳拗陷	东营	古近纪	E_2s	0.8 ~ 18.6	0.48 ~ 1.24	以Ⅰ型为主,Ⅱ$_1$、Ⅱ$_2$型为辅
		沾化	古近纪	E_2s	0.65 ~ 4.1	0.52 ~ 1.72	以Ⅰ型为主,Ⅱ$_1$、Ⅱ$_2$型为辅
		车镇	古近纪	E_2s	0.52 ~ 5.8	0.51 ~ 1.1	以Ⅰ型为主,Ⅱ$_1$、Ⅱ$_2$型为辅
		惠民	古近纪	E_2s	0.83 ~ 4.3	0.58 ~ 1.2	以Ⅰ型为主,Ⅱ$_1$、Ⅱ$_2$型为辅

北美高产的Barnett地层的产气泥页岩样品表明,发育的粒内孔、粒间孔因为胶结作用等而变得稀少,有机质粒内孔是其最主要的孔隙类型,其某些层位的有机质粒内孔所占孔隙体积比例高达90%左右。有机质粒内孔是致密储层连通性储集空间的主体,在提高页岩储集性能上具有重要的作用。

我国四川海相盆地,页岩储层孔隙类型多样,微米-纳米级有机质粒内孔发育。在对中国四川盆地筇竹寺组和龙马溪组高-过成熟的海相页岩储集层的研究中发现(司马立强,2013),其"有机质颗粒"内部发育大量微米-纳米级孔隙,其中龙马溪组纳米级孔隙约为2%,筇竹寺组纳米级孔隙为1%~3%。这些孔隙的直径大者为3~4 μm,小至几个纳米,对页岩气的吸附能力极强,为丰富的页岩气资源提供了充足的储集空间,在微米-纳米级有机质粒内孔发育的层段和区域,勘探开发前景良好。

渤海湾盆地东营凹陷高有机质丰度的泥页岩[$w(TOC) > 4\%$]在演化程度较高($R_o > 1.1\%$)的条件下有机质粒内孔发育较好,而在低有机质丰度的泥页岩[$w(TOC) < 2\%$]中一般不发育(司马立强,2013)。因此,其主力层段$E_2s_3^1$和$E_2s_4^{''}$在埋藏较深(3 000~4 000 m)层段的烃源岩均属于高有机质丰度的泥页岩,但东营凹陷$E_2s_4^{''}$生烃门限深度较浅,埋藏较深,演化程度高,发育广泛的、丰富的有机质粒内孔;$E_2s_3^1$由于生烃门限深度较深,埋深相对较浅,整体演化程度不高,发育较少的有机质粒内孔。总的来说,东部渤海湾地区发育有机质粒内孔较少,只在东营凹陷$E_2s_4^{''}$发育丰富,而我国四川盆地筇竹寺组和龙马溪组发育大量的有机质粒内孔,具有良好的页岩气储集空间,更具页岩气勘探开发前景。

1. 有机质丰度及类型

有机碳(TOC)是影响页岩孔隙的主要因素之一。Jarvie等发现,有机质含量为7%的页岩消耗35%的有机碳,通过生烃作用产生孔隙,可使页岩孔隙度增加。Ambrose等指出,有机质中的微孔隙和毛细管孔组成了页岩主要的孔体积。页岩样品的TOC含量与孔体积、孔比表面积的相关性表明,TOC含量是影响页岩样品孔隙发育的主要因素之一(图6-20、图6-21)。

图6-20 TOC与孔隙度关系图(潘磊等,2013)

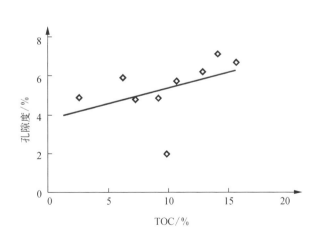

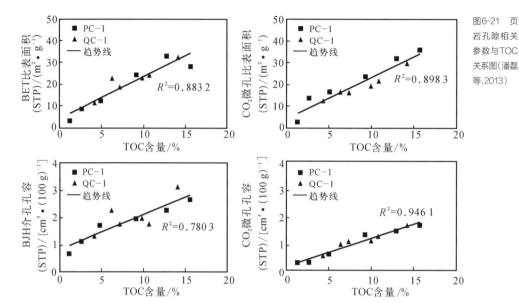

图6-21 页
岩孔隙相关
参数与TOC
关系图(潘磊
等,2013)

样品来自安徽芜湖PC和QC两口参数井，为二叠系富有机质页岩。

2. 有机质成熟度

有机质成熟度与有机孔隙的形成和演化存在着密切的关系。有机孔属于有机质中的粒内孔，是随着有机质的热成熟而产生的(Jarvie等,2007; Loucks等,2009)。在密西西比的Barnett页岩中，有机孔是页岩孔隙系统中最主要的孔隙连通网络(Loucks等,2009; Ambrose等,2010; Curtis等,2010)。有机孔隙具有不规则的气泡状，截面为椭圆状，通常长为5～750 nm。在二维平面上通常呈现相对独立分布，但在三维立体中又相互连通(Ambrose等,2010; Sondergeld等,2010)。

Dow(1977)研究发现，当R_o小于0.6%时，有机孔不发育。同时有机孔的发育情况与干酪根类型也有关系，数据表明Ⅱ型干酪根中的有机孔比Ⅲ型干酪根中的有机孔更易发育。随着埋深的增加，机械压实和胶结作用使得粒间孔和粒内孔在不断减少。随着有机质的成熟使得有机孔大量产生，当R_o小于0.6%时有机孔基本不发育，到R_o在1.0%才产生少量的有机孔，当R_o在1.5%～1.6%时页岩的孔隙类型主要以有机孔为主，当R_o在2.0%～2.4%时有机孔的比例进一步减小。因此可以推理出有机孔的演化规律为,随着有机质生排烃作用,有机孔隙开始发育,在R_o为1.5%～1.6%时页岩的孔隙类型主要以有机孔为主。对Barnett页岩的研究表明这时的有机孔比例可以达到95%以上,随着有机质过成熟,埋深增加,温度升高,有机质孔隙所占的比例进一步减小,这可能与进一步压实和生排烃作用产生的酸性流体溶蚀其他矿物产生粒内孔等原因有关。前人对Barnett页岩的研究也表明有机质孔隙的发育与有机质热成熟度不是简单的线性关系。

中国南方下寒武统黑色页岩的成熟度在1.6%～3.55%,平均为2.71%(图6-22);下志留统黑色页岩的成熟度在1.56%～3.68%,平均为2.51%,下寒武统样品的平均成熟度略大于下志留统样品。

图6-22 中国南方地区下寒武统主要样品点成熟度

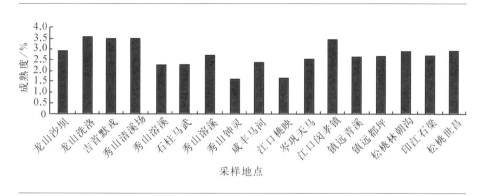

该套烃源岩总体演化程度较高,全区未见成熟度小于1%的区域(图6-22),这些值对页岩气早期勘探、浅井钻探具有参考价值。平面上形成酉阳-秀山、来凤-龙山和彭水-武隆三个高值区(图6-23),成熟度(R_o)均超过2.0%,但根据美国页岩气勘探经验,这些地区同样具有页岩气潜力。目前美国页岩气勘探实践表明:美国页岩气产区的页岩成熟度普遍大于1.3%(Martineau, 2007; Pollastro, 2007),在阿巴拉起亚盆地的西弗吉尼亚州南部最高可达4.0%,且只有在成熟度较高的区域才有页岩气的产出(Milici, 2006),因此,页岩的高成熟度(＞2%)不是制约页岩气聚集的主要因素,说明在高成熟度下也能发育页岩气聚集。

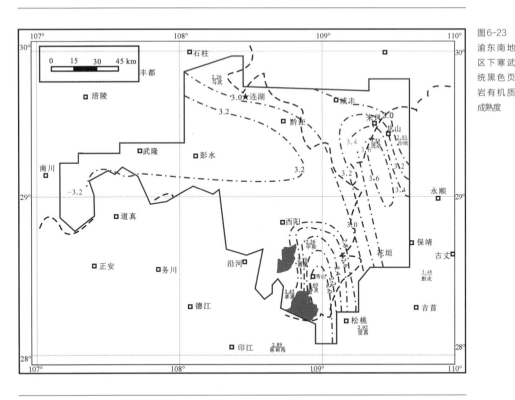

图6-23
渝东南地
区下寒武
统黑色页
岩有机质
成熟度

6.3.6　　埋藏压实作用

　　页岩在埋藏过程中,埋深增加,压实作用增强,矿物排列变紧密,从而造成泥页岩孔隙空间被压缩,减小了孔体积。在成岩演化过程中,溶蚀作用会形成粒间溶孔。黏土矿物受泥页岩储层压实作用,通过堆积作用、脱水作用和新生变形作用发生显著变化,黏土矿物的体积缩小,使泥页岩储层产生新的孔隙。压实作用也会使矿物脆性增加,黏土矿物(伊利石)晶间缝会演变为微裂缝,增加宏孔的孔体积。

　　崔景伟等(2013)采集鄂尔多斯盆地低成熟度湖相Ⅰ型富有机质页岩,通过地质条件约束(埋藏史、地层压力、地层水矿化度等)成岩物理模拟实验模拟页岩演化发现,页岩的初始孔隙度受控于沉积颗粒的大小和数量、黏土矿物组成以及沉积建造(Katsube,1992)。随后沉积压实和胶结作用导致孔隙的减小,页岩孔隙度的增加与有机质生烃排酸溶蚀有关。模拟实验样品的全岩XRD分析显示：随着温度和压力的增加，黄铁矿含量由10%降低为0.6%。黏土矿物XRD分析显示：随着模拟温度和压力的增加，黏土矿物组合伊蒙混层在350℃之后消失，而伊利石逐渐增加。全岩矿物和黏土矿物组成变化导致孔隙变化，特别是黄铁矿的晶间孔隙减小，伊蒙混层形态由片状转化成蜂窝状，有机质孔隙度由无逐渐增加。页岩成岩过程包含3种机制：生烃、机械压实和化学压实。生烃过程控制有机质酸溶蚀孔和有机质孔；机械作用控制的粒内孔和粒间孔减小；化学压实作用使伊蒙混层向伊利石转变，黄铁矿受热分解等。

为了清楚地了解泥页岩埋藏过程中孔隙度演化过程，首先需要确定原始孔隙度（习惯称泥页岩地表孔隙度）。泥页岩地表孔隙度一般用未埋藏的淤泥、沉积物、黏土或浅层的泥岩等样品的实测孔隙度来代替，其值分布在45%～80%，平均值为60.5%。国内学者测试或采用的数值偏低，在45%～62%，平均值为55%（表6-8）；国外学者测试或采用的数值较高，平均值为64.4%（表6-8）。以上结果说明，不同类型泥页岩的地表孔隙度虽然变化较大，但其值集中在60%附近。

表6-8 泥页岩地表孔隙度

沉积物类型	微山湖湖底20 m淤泥	三水盆地泥质沉积物	典型干黏土	东湖现代淤泥	黄骅凹陷泥岩和泌阳凹陷泥岩	海底黏土
孔隙度/%	53	60	45	62	55	70～80
资料来源	张敦祥，1979	张博全，1992	贝丰，1985	陈发景，1989	陈发景，1989	Dickinson，1953
沉积物类型	页岩	泥岩	泥页岩	泥岩	泥页岩	泥页岩
孔隙度/%	63	52	45～70	60～65	70	71
资料来源	Sclater，1980	Hegarty，1988	Gile，1998	Roy，2007	Underdown，2008	Vejback，2008

国外大量的统计数据表明，泥页岩在埋藏过程中孔隙度随深度增加而变小（图6-24）。图6-24中的18条曲线，第16条比较具有代表性（接近平均值）。以该曲线为例，泥页岩在埋藏较浅时孔隙度随深度增加而快速变小，在1 000 m时，平均孔隙度已从地表时的60%降到27%，每隔100 m约下降3.3%；在2 000 m时，平均孔隙度已下降到16%，每隔100 m约下降1.1%；在3 000 m时，平均孔隙度已下降到11%，每隔100 m约下降0.5%；在4 000 m时，孔隙度变化缓慢。

为了对比国内外泥页岩孔隙度演化规律，本文按东部（渤海湾盆地沙河街组）、

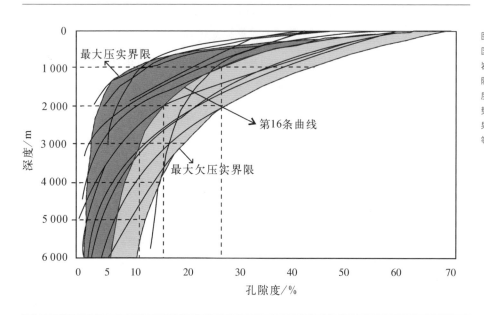

图6-24 国外泥页岩孔隙度随埋藏深度变化趋势统计结果（Giles 等，1998）

中部（四川盆地须家河组和鄂尔多斯盆地延长组）和西部（准噶尔盆地平地泉组）统计泥页岩测井解释孔隙度（图6-25）。统计结果揭示国内与国外具有相似的规律，其中曲线3（准噶尔盆地东部泥岩）具有代表性，在1 000 m、2 000 m和3 000 m处，孔隙

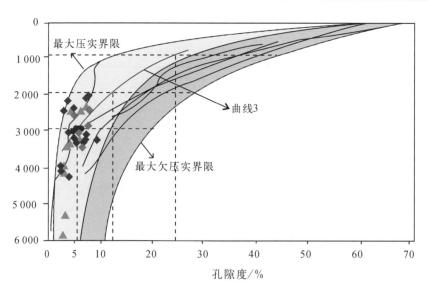

图6-25 国内泥页岩孔隙度随埋藏深度变化趋势统计结果（郭秋麟 等，2013）

●渤海湾盆地沙河街组 ◆准噶尔盆地东部平地泉组 ▲四川盆地须家河组 ◆鄂尔多斯延长组

度分别为25%、13%和6%。与图6-24中的第16条曲线相比,曲线3的孔隙度下降得更快些。将国内外代表性的2条曲线折中,在1 000 m、2 000 m、3 000 m、3 500 m和4 000 m处,孔隙度分别为26%、14.5%、8.5%、7%和6%。

总之,从沉积开始到压实、成岩、生烃与排烃等过程中,泥页岩孔隙演化趋势是由大变小,在某个特殊阶段可能会有所变大,但在这之后会继续变小或保持稳定。

页岩沉积与成岩作用
研究方法

　　对页岩沉积与成岩作用的研究,通常采取野外研究与实验室研究相结合的方法,实验室研究是野外地质工作的延续,其任务是利用各种仪器和技术方法在微观领域内对富有机质页岩进行观察、测试和分析,以提高地质研究的深度、广度、精确度与成效。

　　随着近年来科学技术的发展,岩矿测试技术也得到了迅速的发展,各种现代测试技术随之出现。页岩的实验室测试方法有很多,主要包括:岩石成分分析(包括矿物成分及有机地球化学成分分析)、岩石粒度分析、岩石物性分析(孔渗分析与岩石力学性质分析)、含气量测定等几个方面。

　　1)成分分析:矿物成分与有机地球化学成分分析。

　　(1)矿物成分分析包括岩石矿物光薄片显微鉴定与分析、电子探针分析、X射线衍射分析和黏土矿物测定、氩离子光束抛光处理与场发射扫描电镜分析(主要用于分析组成矿物表面微形貌及孔隙结构)等。

　　(2)有机地球化学分析包括有机碳含量、热成熟度、有机质类型、岩石热解分析、碳同位素分析等。

　　2)岩石粒度分析:筛析技术、沉降分析以及薄片粒度分析。

　　3)岩石物性分析:

　　(1)针对孔渗的分析技术包括岩石孔隙度、渗透率测试,压汞分析,BET比表面积分析,核磁共振(NMR)技术、CT扫描表征其孔隙结构等。

　　(2)岩石力学性质分析(即页岩的岩石力学参数测试)。

　　(3)岩石敏感性分析(包括岩石本身的水敏性、速敏性、酸敏性、碱敏性、应力敏感性等)。

　　4)含气量测定:可分为直接测量法(解吸法)和间接测量法(等温吸附曲线法、测井法)。

7.1 富有机质页岩的成分分析

7.1.1 矿物成分分析

对页岩的矿物组分及组成矿物的结构特征进行分析,测试方法有很多,包括矿物光薄片显微鉴定与分析、电子探针分析、X射线衍射分析和黏土矿物测定、氩离子光束抛光处理与场发射扫描电镜分析等。这里将对为岩石的矿物组成与结构特征提供非常重要鉴定依据的测试技术与方法进行简要介绍。

1. 矿物光薄片显微鉴定与分析

对于富有机质页岩的岩石学特征而言,矿物光薄片的观察与分析是基础。将矿物或岩石磨制成薄片,可在偏光显微镜下观察矿物的结晶特点,确定其光学性质,从而确定岩石的矿物成分,研究它的结构、构造,分析矿物的生成顺序,并且确定岩石类型及其成因特征。

富有机质页岩的矿物薄片鉴定与分析同其他岩石矿物的鉴定、分析一样,可利用机械抛光的原理将岩石制品制作成0.03 ~ 0.1 mm的薄片,以满足在偏光显微镜下观察的要求。

以四川盆地东部地区下志留统龙马溪组黑色页岩为例,龙马溪组页岩由多种岩相组成,主要为黏土-粉砂级细粒沉积。岩相中水平层理发育。层状泥页岩中主要包括浅色的粉砂岩薄层和暗色的泥/页岩层,其中在暗色泥岩中可见黄铁矿、菱铁矿和铁白云石等矿物;非层状主要以富含钙质和粉砂石英颗粒的泥岩为主。

泥岩中脆性矿物分布较为分散,生物化石缺乏,偶见被粉砂或黄铁矿充填的生物钻孔[图7-1(a)]。黄铁矿呈星散状分布于岩石中,常与有机质混杂[图7-1(b)]。

泥岩和粉砂岩成韵律交替发育,岩石中云母片定向排列,方解石主要见于粉砂岩层中,局部以交代石英和长石颗粒的形式存在[图7-1(c)]。并且镜下偶见生物扰动构造,粉砂颗粒呈次棱状-次圆状,分选好,主要在生物钻孔中富集,可见星散状黄铁矿和少量有机质[图7-1(d)]。

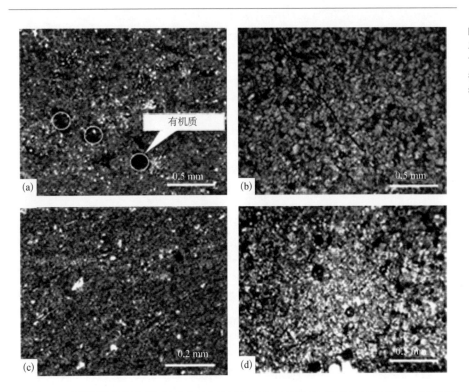

图7-1 龙马溪组镜下岩性特征(刘树根等,2011)

2. 电子探针分析

电子探针(EPMA),全称为电子探针X射线显微分析仪,它利用聚焦极细的电子束轰击固体试样的表面,根据微区内发射的X射线的波长及强度来进行定性和定量分析,主要用于微区($1 \sim 5 \ \mu m^2$)的化学成分测定。其特点是分析微区小、灵敏度高,可分析元素范围大,可选点、线、面元素分布研究等。电子探针的探测灵敏度按统计观点可达0.003%,实际上的相对灵敏度接近0.01% $\sim$ 0.05%,一般分析区内某元素的含量达10^{-14} g就可以感知。

在研究页岩的矿物组成及其组成矿物的化学成分时,电子探针具有重要的意义。电子探针的分析区小,样品用量少,但对样品表面光滑度要求很高,若样品难以磨制成高质量的光片,将会影响电子探针的分析精度。

3. X射线衍射分析和黏土矿物测定

衍射现象通常指由于晶体自身的结构特征使入射到晶体上的电磁辐射发生辐射

方向和强度的改变而产生的现象。这种衍射方向、强度的改变取决于晶体的对称、空间点阵的类型、晶胞参数和晶胞中所有原子的分布，根据测定物质的性质可分为X射线单晶衍射和X射线粉晶衍射。

X射线衍射分析是应用较为广泛的一种测试技术，衍射所提供的数据可用于物相鉴定、定量分析、晶胞参数的精确测定、晶粒大小及其分布、晶格畸变以及利用粉末衍射数据进行结构的解析等。

每种结晶物质都有其特定的结构参数，这些参数均影响着X射线衍射的位置和强度。一定物质的衍射线条的位置和强度一定，则衍射线条的位置、数目及其强度就是该种物质的特征。当样品中存在两种或以上的物质时，它们的衍射花样（即峰）会同时出现，但不会干涉，是衍射线条的简单叠加，根据此原理可以从混合物的衍射花样中将物相一个个找出来。

X射线衍射分析是分析页岩黏土矿物组成的常用方法，主要从结构上对黏土矿物进行研究与分析，解决黏土矿物的三个基本问题：结晶度、物相组成（定性分析）和物相定量。目前主要的衍射仪制造厂家有日本理学Rigaku公司、德国布鲁克Bruker-axs、中国北京普析通用仪器有限责任公司XD-2/XD-3 X射线衍射仪等。其分析结果的优劣，除了仪器条件的选择和图谱分析方法之外，样品的前处理及定向片制作的好坏都是重要的操作步骤。

单晶法要求选择均匀、无裂隙、没有包裹体的晶体或晶体碎块，形状近于等轴状为宜，直径大约为$2/\mu$（μ为晶体的线性衰减系数），一般在0.1 ～ 1.0 nm。晶体用加拿大树胶粘在玻璃丝上，然后将样品安装在相应的测角头上即可；粉晶法要求将样品磨到一定的细度，一般1 ～ 10 μm。常用的粉末衍射仪样品座位平板状，材质有玻璃和铝制，将样品粉末倒入样品座的窗孔或凹槽内，用另一玻璃压实刮平即可，一般用量要求为1 ～ 2 g。目前，国内页岩全岩分析技术比较成熟，能够准确测量出页岩中各种矿物的含量。

以四川盆地东部地区下志留统龙马溪组黑色页岩为例，其主要为黑色碳质页岩和砂质页岩，底部含硅质岩。X射线粉晶衍射图谱如图7-2所示，根据所得图谱中不同矿物的衍射峰不同，可以确定所测岩样的物相。

通过分析知，图中样品矿物成分以黏土矿物和石英为主。其中黏土矿物含量为

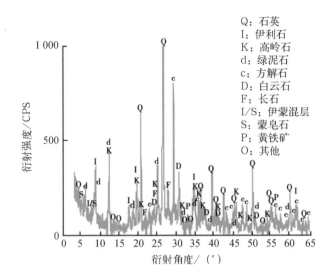

富有
页岩
沉积
成岩

第 7

图7-2 四川盆地东部地区下志留统龙马溪组黑色页岩组成矿物的X射线粉晶衍射图谱(陈尚斌等,2011)

53.39%；石英含量为29.15%；并且还含有较多的方解石和长石,含量分别为51.46%、41.93%；其余矿物如白云石、黄铁矿等较少,含量约为5%。伊利石是发育最为普遍且含量最高的黏土矿物,平均含量达24.49%；高岭石和伊蒙混层的含量分别为11.11%和3.92%；此外,样品中还含有少量的绿泥石(陈尚斌等,2011)。

4. 氩离子光束抛光处理与场发射扫描电镜分析

常规岩石表面抛光是根据矿物软硬程度不同,选择不同的磨料和抛光布进行抛光。但作为页岩,遇水容易膨胀、变形和改变物性,因而一般的抛光技术对于页岩不适用。现在通常使用的技术是氩离子光束抛光制样技术。利用氩离子光束抛光页岩岩石样品表面,得到一个光滑的平面后再使用扫描电子显微镜、X射线能谱仪等对其孔隙、岩相进行分析。

1)氩离子光束抛光

氩离子光束抛光技术是对观察样品表面进行预处理的一种方法,这样可以除去样品表面凹凸不平的部分及附着物,得到一个非常平的平面,有利于扫描电镜的观察。

实验步骤：① 选取大小合适的样品先用砂纸预磨,砂纸的选用要由粗到细。把磨好的页岩薄片放入离子减薄仪内,设定合适的工作参数,用氩离子束轰击样品表面;② 把氩离子束抛光好的样品用导电胶固定在样品台上,喷金处理。经过上述过程,样品表面变得非常光滑平整(图7-3)。

图7-3 氩离子
光束抛光样品内
孔隙的扫描电镜
照片

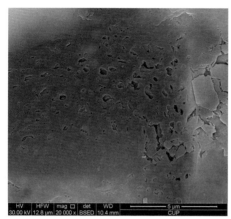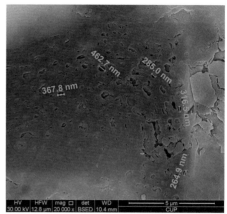

图7-3 氩离子光束抛光样品内孔隙的扫描电镜照片

氩离子光束抛光制样技术在页岩的研究中具有如下特点:

(1)简便快捷、观察视域广、图像景深大、放大倍数范围宽且连续可调、可对单组分细微结构多方位观察、能对样品表面进行多种信息综合分析等。

(2)经氩离子抛光后的样品能够清楚看到岩石的主要孔隙类型:粒间孔、微孔隙(粒内溶孔、杂基内微孔隙、微裂缝)、喉道类型(点状、片状和缩颈喉道)、测定出孔喉道半径等参数和孔隙度。

(3)岩样构造面、组分界面、矿物质、纳米级及其他更小的孔隙、裂缝等可较为方便地观察,同时可以获得不同放大倍数较为优质的图像和照片。

经氩离子光束抛光处理后,可以非常清晰地看到页岩内孔隙(包括无机孔、有机孔)的结构、大小,区分孔隙类型(图7-3)。

2)场发射扫描电镜分析

场发射扫描电子显微镜(FESEM)具有超高分辨率,能够做各种固态样品表面形貌的二次电子成像、反射电子成像观察及图像处理。具有高性能的X射线能谱仪,能同时进行样品表层的微区点、线、面元素的定性、半定量及定量分析,具有形貌、化学组分综合分析的能力。

场发射扫描电子显微镜,在对富有机质页岩的观察和鉴定中有着广泛的应用,可以观察和检测页岩内有机、无机组成及其微米、纳米级样品的表面特征。该仪器最大的特点就是具备超高分辨扫描图像观察能力,尤其是采用数字化图像处理技术,提供高放大倍数(最高可达800 000倍)、高分辨率扫描图像,并能即时打印或存盘输出,是富有机质页岩中纳米级粒径孔隙测试和形貌观察最有效的仪器。

另外,利用场发射扫描电镜的高分辨率与高精度,不仅可以观察纳米级粒径孔隙和其形貌特征,还可以观察各类黏土矿物和黄铁矿等其他组成矿物。如图7-4所示,可以清晰地看到呈草莓状分布的黄铁矿及大量呈片状、簇状的黏土矿物颗粒。

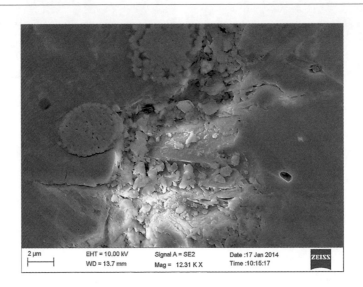

图7-4 草莓状分布的黄铁矿及黏土矿物的扫描电镜照片

7.1.2　有机地球化学分析

地球化学分析是页岩气研究中非常重要的一个方面。地球化学测试和研究贯穿了页岩生气性、储气性和产气性分析的各个环节,包括有机碳含量、热成熟度、有机质类型、岩石热解分析、碳同位素分析等,其中有机质碳含量及热成熟度分析是页岩地球化学中最重要的两个方面。

1. 有机碳含量

众多含气页岩研究实例表明,页岩气的吸附能力与页岩有机碳含量之间存在线性关系,故有机碳含量是进行页岩气生气及含气性分析的基本参数。主要的测试分析方法有碳硫测定法、燃烧法、岩样热解气相色谱分析法以及氯仿沥青"A"测定法等。

（1）碳硫测定法

一般用稀盐酸除去样品中的无机碳,然后在高温氧气流中燃烧,直至总有机碳完全转化为二氧化碳,再用红外检测器检测其有机碳含量。

（2）岩样热解气相色谱分析法

试样通过热解炉控制不同温度和恒温时间,分别将蒸发烃和热解烃脱附,两者在惰性气体携带下经过毛细管色谱柱分离成各种单体烃及单体化合物,由火焰离子化检测器检测。采用色谱峰保留指数、保留时间、标准物质、色谱-质谱进行定性分析。利用热解气相色谱的正烷烃和正烯烃的百分含量划分烃源岩的有机质类型,也可以从热解气相色谱热解烃中的甲烷含量、苯和甲苯含量等区分有机质类型。

（3）氯仿沥青"A"测定法

粉碎试样至100目,用滤纸包好,借助三氯甲烷（即氯仿）对岩石中沥青物质的溶解性用脂肪提取器进行加热提取,并以质量法求出所取沥青物质的含量,从而计算出氯仿沥青的含量。可以应用演示中氯仿沥青"A"的含量评价有机质丰度和有机质的演化程度。

2. 热成熟度

表示成熟度的指标有很多,如岩石热解参数、镜质体反射率、干酪根自由基含量、干酪根颜色等。

1）岩石热解参数

岩石热解的功能是定量检测岩石中的含烃量。其原理是在特殊的裂解炉中,对分析样品进行程序升温,使样品中的烃类和干酪根在不同温度下挥发和裂解,然后通过载气的吹洗,使样品中挥发和裂解的烃类气体与样品残渣实现定性的物理分离,分离出来的烃类气体由FID（氢焰离子化）检测器进行检测;样品残渣则先后进入氧化炉、催化炉进行氧化、催化后送入FID检测器进行检测,从而检测岩石样品中的烃类含量,达到评价生油岩和储油岩的目的。

通常,将样品粉碎、称量置于热解坩埚,用加热至90℃的氮气吹洗2 min,将样品内的轻烃吹入氢焰检测器,可以测得S_0峰;样品被自动置于热解炉中,在炉温300℃时恒温3 min,可测得样品中的重烃S_1峰;热解炉从300℃程序升温到600℃,测出S_2峰;最后,热解完毕的样品被转入氧化炉内,通入空气,在600℃下恒温5 min,把岩样中的残余碳燃烧成二氧化碳,由热导检测器测出S_4峰。岩石热解可获得14项参数,其中原始分析参数5个、派生参数9个,各参数意义见表7-1。

表7-1 岩石热解参数意义

类别	参数	派生方法	生油岩	储集岩
分析参数	S_0		气态烃（C_7以前）残留量,mg/g	气态烃储藏量,mg/g
	S_1		生成但未运移走的液态烃（C7以前）残留量,mg/g	液态烃储藏量,mg/g
	S_2		干酪根可裂解的总烃量,mg/g	重质油,胶质,沥青质裂解量,mg/g
	S_4		残余碳经氧化加氢生成的油气量,mg/g	残留的重烃量,mg/g
	T_{max}		最大峰温,℃	最大峰温,℃
派生参数	P_g	$P_g = S_0 + S_1 + S_2$	产油烃量,mg/g	油气总储量,mg/g
	C_p	$C_p = 0.083 \times (S_0 + S_1 + S_2)$	有效碳,%	
	C_{ot}	$C_{ot} = 0.083 \times (S_0 + S_1 + S_2 + S_4)$	总有机碳,%	
	GPI	$GPI = S_0/P_g$		气产率指数
	OPI	$OPI = S_1/P_g$		油产率指数
	TPI	$TPI = (S_0 + S_1)/P_g$		总产率指数
	I_h	$I_h = 100 \times S_2/C_{ot}$	氢指数,mg 烃/g TOC	
	I_{hc}	$I_{hc} = 100 \times (S_0 + S_1)/C_{ot}$	氢指数,mg 烃/g TOC	
	D	$D = 100 \times C_p/C_{ot}$	降解潜率,%	

2）镜质体反射率

镜质体反射率是鉴定岩样成熟度的直接指标。作为干酪根的一个关键部分,镜质体是植物细胞壁中木质素和纤维素受热转变后形成的一种发光物质。随着温度的增加,镜质体经历复杂的、不可逆转的芳构化反应,导致反射率增大。镜质体反射率最早用来确定煤炭的等级或成熟度,后来用于干酪根热成熟度的评估。由于反射率随温度的增加而增大,因而可以使用该指标来评估碳氢化合物形成的各个温度范围。这些温度范围又可以被进一步划分成油窗或气窗。

通过配有油浸物镜及光度计的显微镜就可以测量镜质体反射率,该反射率反映了反射到原油中的光度百分率(R_o)。通过多个岩样的测试可以确定镜质体反射率的均值,通常用R_m表示。

测定方法通常是将干酪根或页岩本身制成薄片,用显微光度计测定镜质体的反射率(%)。通过页岩气源岩镜质体的反射率,可以划分原岩的热演化阶段,判别有机质的热成熟度。

7.2　富有机质页岩的岩石粒度分析

沉积岩或沉积物中矿物颗粒的大小称为沉积岩的粒度或沉积物的粒度。粒度分析是对其矿物颗粒大小进行统计测量和数据处理的总称,目的在于取得粒度分布参数,分析其分布规律以便为岩石分类定名、岩相古地理分析、岩石物理性质研究等提供粒度数据。粒度一般用颗粒的直径来度量,但要对"直径"予以定义是十分困难的,目前用粒度测量方法所包含的几何意义或物理意义来定义直径。

1. 筛析分析

筛析是粒度分析的基准方法,目前标准筛的最小孔径是0.02 mm,适用于松散沉积物和可松解沉积岩的粒度分析。

2. 沉降分析

沉降分析一般接续筛析对粉砂和黏土颗粒进行粒度分析,它同筛析一样,是一种经典的且广泛使用的细颗粒分析方法。其原理就是斯托克定律。根据斯托克定律,沉速与粒径的关系可以导出水介质中颗粒沉降时粒径d(cm)、沉降高度h(cm)和沉降时间t(s)之间的关系:

$$d = \sqrt{\frac{h}{5\,450(\rho - 1)t}} \ (\text{cm}) \tag{7-1}$$

式中,ρ 为颗粒的密度,g/cm³,若取黏土和粉砂的平均密度为2.65 g/cm³,h取毫米单位,则

$$d = 0.033\ 35 \sqrt{\frac{h}{t}}\ （\text{mm}） \tag{7-2}$$

表7-2中列出了天然沉积物中粉砂-黏土级颗粒的沉降深度-时间关系。因为由直径d可以计算体积，体积又可计算质量，质量又可求出浓度、浊度等，所以反过来测定悬浮液的浊度、浓度、沉积质量、沉降高度等均可求出d值。根据这一原理，可建立许多沉降分析方法，目前应用最广泛的沉降分析方法是吸管法，其次是沉降天平法。

粒径		沉降深度	不同温度下样品沉降时间								
Φ	μm	cm	18℃		19℃		20℃		21℃		22℃	
4.0	62.5	20	20 s		20 s		20 s		20 s		20 s	
4.5	44.2	20	2 min	0 s	1 min	57 s	1 min	54 s	1 min	51 s	1 min	49 s
5.0	31.2	10	2 min	0 s	1 min	57 s	1 min	54 s	1 min	51 s	1 min	49 s
5.5	22.1	10	4 min	0 s	3 min	54 s	3 min	48 s	3 min	42 s	3 min	37 s
6.0	15.6	10	8 min	0 s	7 min	48 s	7 min	36 s	7 min	25 s	7 min	15 s
7.0	7.3	10	31 min	59 s	31 min	11 s	30 min	26 s	29 min	41 s	28 min	59 s
8.0	3.9	5	63 min	58 s	62 min	22 s	60 min	51 s	59 min	23 s	57 min	58 s
9.0	1.95	5	4 h	16 min	4 h	9 min	4 h	3 min	3 h	58 min	3 h	52 min
10.0	0.98	5	17 h	3 min	16 h	38 min	16 h	14 min	15 h	50 min	15 h	28 min
11.0	0.49	5	68 h	14 min	66 h	32 min	64 h	54 min	63 h	20 min	60 h	50 min
Φ	μm	cm	23℃		24℃		25℃		26℃		27℃	
4.0	62.5	20	20 s		20 s		20 s		20 s		20 s	
4.5	44.2	20	1 min	46 s	1 min	44 s	1 min	41 s	1 min	39 s	1 min	37 s
5.0	31.2	10	1 min	46 s	1 min	44 s	1 min	41 s	1 min	39 s	1 min	37 s
5.5	22.1	10	3 min	32 s	3 min	27 s	3 min	22 s	3 min	18 s	3 min	13 s
6.0	15.6	10	7 min	5 s	6 min	55 s	6 min	45 s	6 min	36 s	6 min	27 s
7.0	7.3	10	28 min	18 s	27 min	39 s	27 min	1 s	26 min	25 s	25 min	49 s
8.0	3.9	5	56 min	36 s	55 min	18 s	54 min	2 s	52 min	49 s	51 min	39 s
9.0	1.95	5	3 h	46 min	3 h	41 min	3 h	36 min	3 h	31 min	3 h	27 min
10.0	0.98	5	15 h	6 min	14 h	45 min	14 h	25 min	14 h	5 min	13 h	46 min
11.0	0.49	5	60 h	23 min	58 h	59 min	57 h	38 min	56 h	20 min	55 h	5 min

表7-2 天然沉积物中粉砂-黏土级颗粒的沉降深度-时间表

注：表中所列深度-时间即移液管吸取深度-时间（刘岫峰，1991）。

1)吸管法

一定粒度的颗粒在一定的时间内沉降的深度为一定值。若沉降深度一定,按一定的时间间隔反复在沉降深度的液层面上吸取悬浮液即可将不同的粒级分开。吸取深度和时间可查表7-2。按沉降时间逐级吸取,吸取后的悬浮液分别沉淀、烘干、称重,把相邻两个粒级的质量相减即得到某一粒级分组的质量。吸管法常用来提取黏土颗粒,吸管分析装置如图7-5所示。

图7-5 吸管分析装置

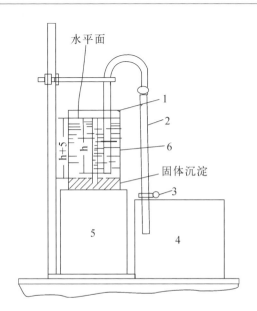

1—玻璃缸; 2—虹吸管; 3—夹子; 4—溢液收集器; 5—座; 6—毫米刻度纸条

若吸管用移液管代替,每次吸取定量的悬浮液,求出悬浮液的浓度后再乘以整个悬浮液的体积也可求出各粒级质量,此即移液管法(图7-6)。

吸管法和移液管沉降分析首先要将样品筛析至62.5 μm,收集低筛中全部小于62.5 μm的粉砂-黏土样;若小于62.5 μm的样品质量小于50 g,则全部用来制悬浮液供沉降分析;若其质量大于80 g,则取一半,但计算粒级百分数时,需加上剩余一半的质量。

2)沉降天平法

沉降天平即在沉降筒内置一个天平托盘,连续称取沉积物质量,经传感器将质量

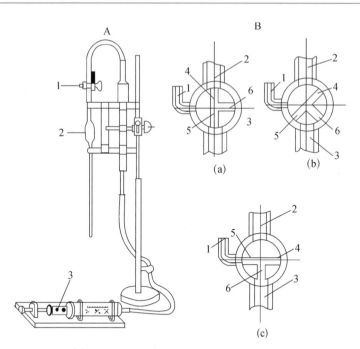

图7-6 自控式移液
管全貌A图和三通阀
B图

A. 移液管全貌：1—三通阀（另参考B图）；2—移液管；3—自控定量吸液器

B. 三通阀及其工作状态：（a）吸液状态；（b）封闭状态；（c）通大气放液状态；1—通气支管；2—活塞垂直上孔；
3—活塞垂直下孔；4—活塞上孔；5—活塞下孔；6—活塞水平孔（刘岫峰，1991）

变化转换成电压信号推动记录仪自动绘出累积质量-时间曲线，根据此曲线由微型计算机自动处理后即得各级质量频率。

沉降天平分为两种，一种是大型沉降天平，沉降筒高140 cm，用于沙级沉降分析；另一种是小型沉降天平，用于粉砂-黏土级粒度分析。其优点是测量过程直观，用样量少（1 ～ 10 g），缺点是若不用计算机处理数据而用人工计算则较麻烦，因为它记录的是质量-时间曲线。另外，斯托克定律仅适用粒度 < 0.063 mm的粉砂和黏土的沉降分析，而对0.063 ～ 2 mm的砂样进行沉降分析时，多用吉布斯公式计算。对于水介质和砂样密度为2.65 g/cm³的沉降分析而言，吉布斯公式是：

$$d \approx \frac{0.1\left(\dfrac{h}{t}\right)^2 + \sqrt{0.01\left(\dfrac{h}{t}\right)^4 + 146\dfrac{h}{t} + 12\left(\dfrac{h}{t}\right)^2}}{1\,619} \tag{7-3}$$

式中,d、h、t的含义和斯托克公式相同,但此处d、h的单位均用cm,t仍为s。

3. 薄片粒度分析

薄片粒度分析是固结岩石粒度分析的唯一方法,普遍使用。薄片粒度分析给出的基本数据是颗粒百分率。

薄片粒度分析一般包括以下几个步骤:

(1)抽样:分析抽取的颗粒数为300~500粒,抽样颗粒数的多少与碎屑矿物含量有关;统计测量时的抽样方法可用线测法、视域带测法。线测法可用画线或机械台控制测线,凡测线上的所有颗粒均测,适用于人工测量;视域带测法就是在一个视域内的颗粒全部测完后再移至相邻的下一个视域,两个视域应在某一十字丝方向上相切,适用于图像分析测量。

(2)测量直径:由于视长直径(即视大小,也就是肉眼看见的物体的视角)的定义明确,易于选择,故应测量视长直径来确定粒度的大小。

(3)人工测量或图像分析测量:轮廓不清的矿物颗粒、重矿物和片状矿物颗粒不计;对有次生加大边的石英和长石应测量原粒的直径。

在对页岩粒度的研究中,筛析数据和沉降分析数据之间,平均值偏差一般 $< 0.1\phi$,两种方法不经校正就可以互用,也可以互相接续分析(即沉降分析接续筛析);薄片粒度分析与筛析之间平均值偏差可达0.25ϕ或更大,应以筛析为基准去校正薄片粒度分析数据。

7.3   富有机质页岩的岩石物性分析

岩石的物性分析,针对孔渗的测试技术包括脉冲式岩石孔隙度、渗透率测试,BET比表面积分析,压汞分析,核磁共振(NMR)及CT扫描表征其孔隙结构。

页岩气储层压裂是页岩气开采的关键,对页岩力学性质特征的准确表征是水力压裂成功的关键,并且岩石的力学性质影响到储层改造时水力压裂裂缝的方向、长度、形态等。因此,对其力学性质的研究也十分重要。

岩石敏感性分析是指对页岩的水敏性、速敏性、酸敏性、碱敏性、应力敏感性等性质进行分析和研究。

7.3.1　孔渗分析

1. 孔隙度、渗透率测试

页岩内部的孔隙是其结构的重要组成部分,是油、气、水的储集空间和运移通道,同时也是油、气勘探和开发的重要研究对象。根据岩石中孔隙大小及其对流体作用的不同,可将孔隙划分为三种类型:

(1)超毛细管孔隙:孔隙直径大于0.5 mm或裂缝宽度大于0.25 mm。岩石中的大裂缝、溶洞及未胶结疏松的砂岩的孔隙大多属于此类。

(2)毛细管孔隙:孔隙直径介于0.000 2 ~ 0.5 mm,裂缝宽度介于0.000 1 ~ 0.25 mm。微裂缝和一般砂岩的孔隙多属此类。

(3)微毛细管孔隙:孔隙直径小于0.000 2 mm,裂缝宽度小于0.000 1 mm。页岩的孔隙多属于此种类型,此类孔隙中要使流体移动需要非常高的压力梯度,因此流体是不能沿着微毛细管孔隙移动的。

表征页岩孔隙特征的基本参数是孔隙度和渗透率,孔隙度表征页岩内部孔隙空间所占其总体积的比例;而渗透率是表征流体在页岩中运移时页岩允许流体(油、气、水)通过的能力。

孔隙度是指单位体积的岩石中孔隙体积的大小,即岩石孔隙体积与岩石总体积的比值,用小数或百分数表示。

以 ϕ 表示岩石的孔隙度,则

$$\phi = \frac{V_p}{V_t} \tag{7-4}$$

式中　V_p——岩石中的孔隙体积;

　　　V_t——岩石总体积。

因为

$$V_t = V_p + V_s$$

式中　V_s——岩石中固体的体积。

所以

$$\phi = \frac{V_p}{V_t} = \frac{V_t - V_s}{V_t} = 1 - \frac{V_s}{V_t} \tag{7-5}$$

这里的孔隙体积,若指的是岩石中所有的孔隙空间(包括连通的和不连通的)与岩石总体积的比值则称为总孔隙度;若孔隙体积中仅指连通的部分,剔除不连通孔隙,则所得出的孔隙度叫连通孔隙度。在岩石物理性质测定中主要是测定总孔隙度和连通孔隙度。

常用饱和煤油法、气体法测定岩石连通孔隙度及总孔隙度。总孔隙度的测定方法是用固体相对密度计测岩石的真相对密度,用封蜡法测岩石的相对密度,计算即可。但页岩孔隙极不发育(当在 2 300 m 深度时孔隙度通常小于10%),且多为微毛细管孔隙,这些常规的测量孔隙度方法对于页岩而言并不适用。

渗透率通常用来衡量岩石的渗透性(即在一定的压差下,岩石允许流体通过的能力)。当岩石为单一流体100%饱和且流体与岩石不发生任何物理化学作用时,所测得的渗透率叫岩石的绝对渗透率,它与所通过的流体性质无关,而只决定于岩石的孔隙特征。若岩石中饱和了多相流体,岩石允许其中某一相流体通过的能力称为该相的相渗透率。相渗透率与绝对渗透率的比值叫相对渗透率。

页岩气藏储层低孔、低渗的特征使页岩气体流动阻力比常规天然气的大,增加了页岩气储层开发的难度。对于孔隙极不发育、渗透率极低的页岩而言,常规的孔渗测试方法很难获得准确数据,主要利用脉冲式岩石渗透率测试方法进行测量。

脉冲式岩石渗透率测试系统是测量低渗储层、致密砂岩和其他低渗多孔介质渗透率的理想技术,渗透率测量范围介于 10 nD ～ 0.1 mD[①]。脉冲式岩石渗透率测试系统采用压力脉冲衰减法,该实验方法原理是设想一个小的压力脉冲信号作用在岩心夹持器的样品上游已知压力容器 V_1,当孔隙流动介质在孔隙压力和脉冲压力驱动

---

① mD(毫达西)是渗透率的非法定计量单位, $1\ mD = 9\ 187 \times 10^{-4}\ \mu m^2$, $1\ nD$(纳达西) $= 10^{-6}\ mD$。

下穿过样品进入下游已知压力容器 V_2 时,样品渗透率便可由样品上游压力容器 V_1 的压力随时间的衰变特性来确定(图7-7)。测试时岩心应切成大直径、小长度型(如直径4 cm、长度2.5 cm),测试时间基本与平均孔隙压力成反比,因此尽可能提高测试压力以缩短测试时间。

实验结束后,作出无因次压差–时间的半对数曲线图,通过拟合直线的斜率,便可求出岩心的渗透率。

量纲为1压差:

$$\Delta p_{\mathrm{D}} = \frac{p_1(t)^2 - p_2(t)^2}{p_{10}^2 - p_{20}^2} = \frac{\Delta p(t)\left[p_2(t) + \frac{1}{2}\Delta p(t)\right]}{\Delta p_0\left(p_{20} + \frac{1}{2}\Delta p_0\right)} \tag{7-6}$$

气体有效渗透率:

$$K = \frac{-Cm_1\mu_{\mathrm{g}}Lf_{\mathrm{z}}}{f_1 A p_{\mathrm{m}}\left(\dfrac{1}{V_1} + \dfrac{1}{V_2}\right)} \tag{7-7}$$

式中 $p_1(t)$、$p_2(t)$——上、下游容器中的压力;

$\Delta p(t)$——上、下游容器压差;

C——单位换算因子;

m_1——$\ln \Delta p_{\mathrm{D}}$-$t$ 曲线直线段的斜率;

μ_{g}——气体的黏度;

L——样品长度;

f_{z}——气体压缩系数的校正因子;

f_1——质量流量修正因子;

A——岩心的横截面积;

p_{m}——平均孔隙压力;

V_1、V_2——上、下游容器的体积;

下标0——初始时刻。

2. 压汞分析

压汞法测试渗透率是指利用压汞毛细管压力数据预测渗透率的方法。模型对渗透率进行预测,1921年Washburn提出了压汞毛细管压力方程,描述了毛细管压力,界

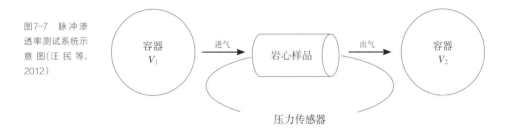

图7-7 脉冲渗透率测试系统示意图(汪民等,2012)

面张力和接触角的关系:

$$R = 2(0.417)\sigma_{Hg-Air}\cos(\theta_{Hg-Air})\frac{1}{p_c} \qquad (7-8)$$

式中　R——多孔介质孔喉半径;

　　σ_{Hg-Air}——汞和空气的界面张力(通常为480 dynes·cm^{-1});

　　θ_{Hg-Air}——汞和空气的接触角(通常为140°);

　　p_c——毛细管压力。

压汞毛细管压力方程是压汞渗透率预测模型的基础方程。利用压汞毛细管压力曲线预测渗透率主要有两种基础理论:渗流(特征尺度)理论和Poiseuille理论。渗流(特征尺度)理论认为流体在多孔介质中的流动过程受一个或几个特征尺度控制;Poiseuille理论将多孔介质处理为具有不同孔隙半径的微观模型。两种理论的区别在于Poiseuille理论认为流体在多孔介质中的流动路径是确定性分布的,而渗流(特征尺度)理论认为流体在多孔介质中的流动路径是随机的。

压汞法测试致密储层渗透率受样品类型影响较大,不同类型样品渗透率预测差异较大,但测试结果同样可作为渗透率测试的参考数据。

3. BET比表面积分析

比表面积是指1 g固体的总表面积及物质晶格内部的内表面和晶格外部的外表面积之和。测定固体比表面积的方法有很多,常用的是BET低温吸附法。富有机质页岩内部有大量的微毛细管孔隙,因而其具有巨大的比表面积。比表面积对评价多孔介质活性、吸附等特性有重要意义,故比表面积可用来评价页岩对于气体的吸附能力。

BET理论计算是建立在Brunauer、Emmett及Teller三位学者从经典统计理论推导出的多分子层吸附公式基础上的,即著名的BET方程:

$$\frac{p}{V(p_0 - p)} = \frac{1}{V_m \cdot C} + \frac{C-1}{V_m \cdot C} \cdot (p/p_0) \tag{7-9}$$

式中　p——吸附质分压;

　　　p_0——吸附剂饱和蒸气压;

　　　V——样品实际吸附量;

　　　V_m——单层饱和吸附量;

　　　C——与样品吸附能力相关的常数。

由式7-9可以看出,BET方程建立了单层饱和吸附量V_m与多层吸附量V之间的数量关系,为比表面积测定提供了很好的理论基础。

BET方程建立在多层吸附的理论基础之上,与许多物质的实际吸附过程更为接近,因此测试结果可靠性高。实际测试过程中,通常实测3～5组被测样品在不同气体分压下多层吸附量V,以p/p_0为x轴,$\dfrac{p/p_0}{V\left(1-\dfrac{p}{p_0}\right)}$为$y$轴,由BET方程作图进行线性拟合,得到直线的斜率和截距,从而求得V_m值计算出被测样品比表面积(图7-8)。当p/p_0取点在0.05～0.35时,BET方程与实际吸附过程相吻合,图形线性也很好,因此

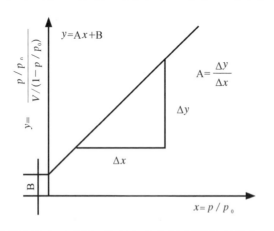

图7-8　BET方程线性拟合图

实际测试过程中选点需在此范围内。由于取了 3 ~ 5 组 p/p_0 进行测定，通常我们称之为多点BET。当被测样品的吸附能力很强，即 C 值很大时，直线的截距接近于零，可近似认为直线通过原点，此时可测定一组 p/p_0 数据与原点相连并求出比表面积，我们称之为单点BET。与多点BET相比，单点BET结果误差会大一些。

气体吸附BET原理测定固态物质比表面积的方法（GB/T 19587—2004）：

置于吸附质气体气氛中的样品，其物质表面（颗粒外部和内部通孔的表面）在低温下将发生物理吸附。当吸附气体达到平衡时，测量平衡吸附压力和吸附的气体量，根据BET方程式，可求出被测样品的单分子层吸附量，从而计算出试样的比表面积。该标准根据气体吸附的BET原理，规定了测定固态物质比表面积的方法。它适用于粉末及多孔材料（包括纳米粉末及纳米级多孔材料）比表面积的测定，其测定范围是 $0.001 ~ 1\ 000\ m^2/g$。一般采用氮气作为吸附气体，但对于比表面积极小的样品可选用氪气。在测量之前，需对试样进行脱气处理，这一点对于纳米材料尤为重要。通过脱气可除去试样表面原来吸附的物质，但要避免表面之不可逆的变化。

由于按传统的单独采用压汞法或气体吸附BET法进行测定均不能得到页岩岩样微孔隙结构的全貌，即得不到完整的毛细管压力曲线和孔径分布图，因此可将压汞法和BET比表面法测定微孔结构的测试结果进行综合换算和衔接。首先将压汞法测得的岩样微孔毛细管压力曲线换算成气水条件下的毛细管压力曲线，然后与气体吸附法测得的岩样微孔毛细管压力曲线相接，从而可以得到较为完整的毛细管压力曲线及其孔径分布图。

利用这一方法可以描述和评价岩石孔隙结构特征，在压汞和比表面联合测定所取得的毛细管压力曲线上读取获得试样孔隙中值半径，同时也可以测得试样的微缝隙。目前国内的相关测试能力不足，在两种测试数据的衔接方面尚有技术难点有待克服。

4. 核磁共振（NMR）技术

核磁共振是磁矩不为零的原子核，在外磁场作用下自旋能级发生塞曼分裂，共振吸收某一定频率的射频辐射的物理过程。核磁共振波谱学是光谱学的一个分支，其共振频率在射频波段，相应的跃迁是核自旋在核塞曼能级上的跃迁。

用核磁共振手段探测页岩的孔隙介质结构主要是基于弛豫，尤其是表面弛豫对孔隙结构的灵敏反应。介质孔隙的固液界面作用对核磁共振弛豫有着重要贡献，因此固液界面作用是NMR研究孔隙结构的物理基础,表面流体的横向弛豫比纵向弛豫更强烈。孔隙中的流体有三种不同的弛豫机制:① 自由弛豫;② 表面弛豫;③ 扩散弛豫。可用式7-10表示(图7-9,Coates等,1999):

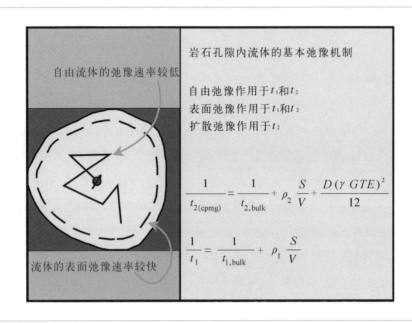

富有
页岩
沉积
成岩

第

图7-9 多孔介质孔隙及其对应的弛豫机制(Coates等,1999)

$$\frac{1}{t_2} = \frac{1}{t_{2\text{自由}}} + \frac{1}{t_{2\text{表面}}} + \frac{1}{t_{2\text{扩散}}} \qquad (7\text{-}10)$$

式中　t_2——通过CPMG等序列采集的孔隙流体的横向弛豫时间;

　　　$t_{2\text{自由}}$——在足够大的容器中(大到容器影响可忽略不计)孔隙流体的横向弛豫时间;

　　　$t_{2\text{表面}}$——表面弛豫引起的横向弛豫时间;

　　　$t_{2\text{扩散}}$——磁场梯度下由扩散引起的孔隙流体的横向弛豫时间。

当采用短的实验参数TE和/或孔隙孔径很小时,表面弛豫起着主要作用,此时T_2直接与孔隙尺寸成正比:

$$\frac{1}{t_2} \approx \frac{1}{t_{2\text{表面}}} = \rho_2 \left(\frac{S}{V}\right)_{\text{孔隙}} \qquad (7\text{-}11)$$

式中　ρ_2——t_2表面弛豫率;

$$\left(\frac{S}{V}\right)_{\text{孔隙}}$$——孔隙的比表面积。

因此t_2分布图实际上反映了孔隙尺寸的分布和比表面积,即小孔隙对应短T_2,而大孔隙对应的t_2则较长。实际岩石如页岩内存在着不同孔径、不同形状、不同排列方式的孔隙,相应地就对应横向弛豫时间t_2的分布(图7-10,Coates等,1999)。

所以,从实验得到的岩石样品磁化强度曲线可变换成t_2的分布,并进一步将之转换成孔隙分布(图7-11)。

图7-10　孔隙尺寸分布
时对应的弛豫时间分布
(Coates等,1999)

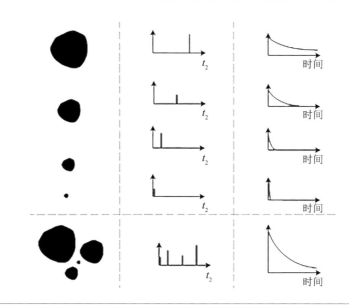

图7-11　实际岩石
(砂岩)孔隙的t_2分布
(Coates等,1999)

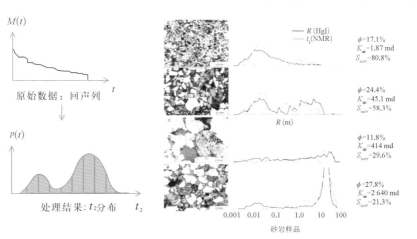

纳米尺度的孔隙影响了流体（如水）的赋存状态以及凝固点等物理性质，且凝固点的变化尺度与孔隙尺寸有着定量的函数关系，据此，通过变温核磁共振实验测得的岩石孔隙中流体凝固点的变化值可推导出相应的孔隙尺寸。另一方面，在降温过程中，由于孔隙表面等作用，其中流体在孔隙壁因相变而产生界面[图7-12(a)]，这种界面不仅导致核磁共振信号的改变[图7-12(b)]，而且还影响着油气的运移特性，所以这种界面对油气藏参数、资源评价也有着重要意义。

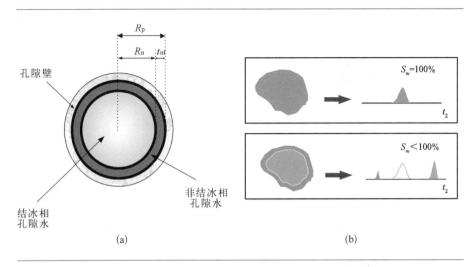

(a)   (b)

图7-12 （a）化
水孔隙在低温时
的界面结构（R
是孔半径，R_n是
结冰相尺寸大小
t_{nf}界面层厚度）
（b）核磁共振信
因界面而产生的
变化

页岩中孔隙小（可小于0.5 nm）、孔径分布范围大、孔隙几何形状和结构不规则、孔隙排列复杂，由此可造成随机分布的空隙度、随机局域孔隙结构变化，即页岩中的非均质性和随机分布、随机涨落的孔隙度场。同时，微细的孔隙会导致巨大的表面积，并由此造成很强的吸附和极低渗透率，从而造成页岩中质量运移机制的扩散。因此，页岩孔隙结构研究不仅至关重要，而且与砂岩等孔隙介质相比，准确的页岩孔隙结构测定在方法和技术上也是巨大挑战。

所需解决的科学技术问题不仅包括孔径分布、孔隙几何形态和结构，而且还需测定孔隙比表面积、流体种类和形态，以及孔壁吸附特征、毛细管力，从而最终测定和计算介质的宏观特征如孔隙度、渗透率和油气运移特征。

核磁共振法具有无损、无毒无害、快速、方便等优点，同一样品具有多种可检测对象。核磁共振信号反应的是分子水平的信号，因而更准确、更能反映机制，可研究介质内部结构和微观形态并评价宏观性能。变温NMR测孔径法的过程中温度变化速率可调可控,变温NMR不会损坏材料原有孔结构,能更直接地测量开孔。另外,NMR法只对孔隙中的流体敏感,可直接检测流体信号,不需要岩石骨架成分的先验信息,因而与固体骨架信息如岩性关系不大。

5. CT扫描

X射线微米级CT是利用锥形X射线穿透物体,通过不同倍数的物镜放大图像,由360°旋转所得到的大量X射线衰减图像重构出三维的立体模型。利用微米级CT进行岩芯扫描的特点在于:在不破坏样品的条件下,能够通过大量的图像数据对很小的特征面进行全面展示。由于CT图像反映的是X射线在穿透物体过程中能量衰减的信息,因此三维CT图像能够真实地反映出岩芯内部的孔隙结构与相对密度大小。

典型的X射线CT布局系统如图7-13所示,X射线源和探测器分别置于转台两侧,锥形X射线穿透放置在转台上的样品后被探测器接收,样品可进行横向、纵向平移和垂直升降运动,以改变扫描分辨率。当岩芯样品纵向移动时,距离X射线源越近,放大倍数越大,岩芯样本内部细节被放大,三维图像更加清晰,但同时可探测的区

图7-13 典型的X射线CT局部系统图

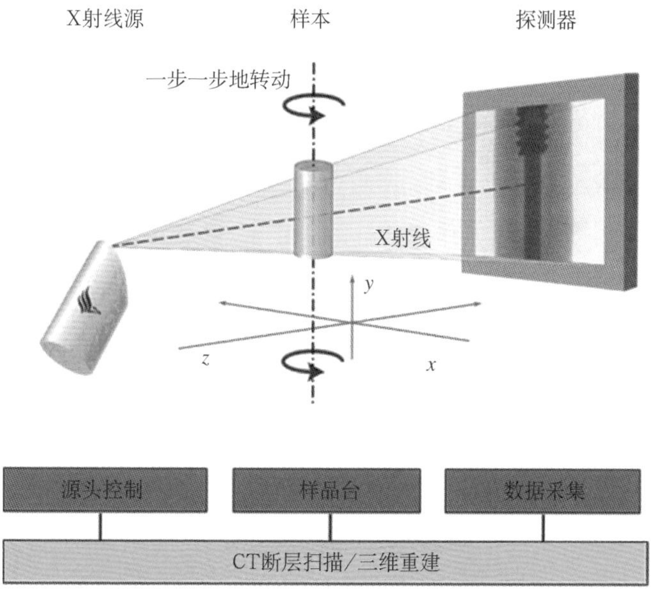

域会相应减小；相反，样本距离探测器越远，放大倍数越小，图像分辨率越低，但是可探测区域增大。样品的横向平动和垂直升降用于改变扫描区域，但不改变图像分辨率。放置岩芯样本的转台本身是可以旋转的，在进行CT扫描时，转台带动样品转动，每转动一度或两度，X射线照射样品获得投影图。将旋转360°后所获得的一系列投影图进行图像重构后得到岩芯样本的三维图像。与传统X射线成像相比，X射线CT能有效地克服传统X射线成像由于信息重叠引起的图像信息混淆问题。

Micro-CT扫描仪分辨率范围为0.5～70 μm，主要用于岩芯样本非均质性观察与孔隙空间结构提取；Micro-CT的内部结构如图7-14所示。

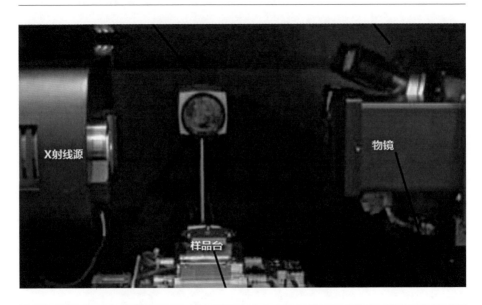

图7-14 Micro CT的内部结构

CT图像分辨率是决定岩芯内部孔隙分布观测的重要参数。影响扫描图像分辨率的因素主要包括三种：① 几何放大，由于在仪器中使用的X射线为锥形光，所以放射源、物镜的位置决定了实际的放大倍数（即分辨率的大小）；② 物镜的倍数选择，由于不同倍数的物镜对应不同的放大率所以物镜的选择也直接决定了分辨率的大小；③ Binning的选择，仪器内部的CCD是由2 048×2 048个像素组成，每个像素对应的实际物理大小即为分辨率的大小，但是在扫描过程当中可以选择Binning的大小，例如Bin2表示在CCD上将会使2个像素合并成1个像素，分辨率为原来的2倍，扫描时间为原来的1/4,适当的选取Bining数可以在保证分辨率的前提下大大缩短岩芯三维扫描所需要的时间,从而提高工作效率。

首先,对每块岩心碎块样品进行全岩扫描,通过观测三维CT图像选取微样本钻取区域并确定微样本扫描分辨率。其次,从该岩心上所选定的区域中钻取直径2 mm的圆柱体微样并放入X射线CT扫描仪进行微样本扫描。在得到微米级CT扫描图像后,通过图像分割技术从256色灰度图中辨识出孔隙。由于CT图像的灰度值反映的是岩石内部物质的相对密度,因此CT图像中明亮的部分认为是高密度物质,而深黑部分则认为是孔隙结构。利用软件通过对灰度图像进行区域选取、降噪处理、图像分割与后处理,得到提取出孔隙结构之后的二值化图像(图7-15),其中黑色区域代表样本内的孔隙,白色区域代表岩石的基质。

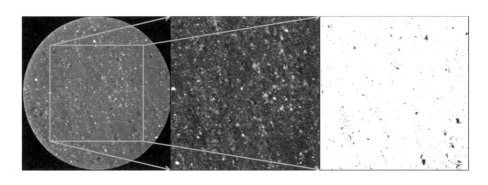

图7-15 提取出孔隙结构之后的岩心样品的二值化图像

最后,建立孔隙网络模型,基于孔隙网络模型的孔隙结构参数进行统计分析。建立孔隙网络模型,是指通过某种特定的算法,从二值化的三维岩芯图像中提取出结构化的孔隙和喉道模型,同时该孔隙结构模型保持了原三维岩芯图像的孔隙分布特征以及连通性特征。"最大球法"是把一系列不同尺寸的球体填充到三维岩芯图像的孔隙空间中,各尺寸填充球之间按照半径从大到小存在着连接关系。整个岩芯内部孔隙结构将通过相互交叠及包含的球串来表征。孔隙网络结构中的"孔隙"和"喉道"的确立,是通过在球串中寻找局部最大球与两个最大球之间的最小球,从而形成"孔隙-喉道-孔隙"的配对关系来完成(图7-16)。最终整个球串结构简化成为以"孔隙"和"喉道"为单元的孔隙网络结构模型。"喉道"是连接两个"孔隙"的单元;每

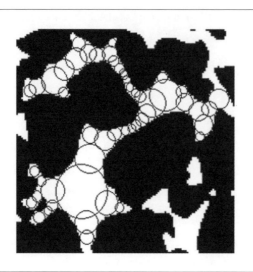

图7-16 "最大球"法
提取孔隙网络结构

个"孔隙"所连接的"喉道"数目称为配位数。

从三维岩芯二值图中提取出的孔隙网络模型,保持了原三维孔隙空间结构的几何特征与连通特征。通过对孔隙网络模型进行各项统计分析,可以了解真实岩芯中的孔隙结构与连通性。孔隙网络模型统计分析具体包括:

(1)尺寸分布:包括孔隙和喉道半径分布、体积分布,喉道长度分布,孔喉半径比分布,形状因子分布等。

(2)连通特性:包括孔隙配位数分布,欧拉连通性方程曲线。

(3)相关特性:对孔隙和喉道的尺寸、体积、长度等任意两个物理量之间进行相关性分析。

7.3.2　　岩石力学性质分析

页岩气储层压裂是页岩气开采的关键。页岩的岩石力学性质是进行压裂设计必须考虑的重要因素,并且它影响到储层改造时水力压裂裂缝的方向、长度、形态等特征。因此,对页岩力学性质特征的准确表征是水力压裂成功的关键。

表征页岩岩石力学性质的参数包括弹性模量、泊松比、地应力特征、岩石强度等。

弹性模量是弹性材料最重要、最具特征的力学性质,也是物体变形难易程度的表征。根据不同的受力情况,分别有相应的拉伸弹性模量(杨氏模量)、剪切弹性模量(刚性模量)、体积弹性模量等。对于页岩而言,一般研究其杨氏模量。杨氏模量越高,脆性越大,钻井过程中越容易产生裂缝,有益于页岩气的开采。测量杨氏模量最常用的方法是拉伸法。

泊松比是横向正应变与轴向正应变的绝对值的比值。泊松比越低,页岩脆性越大且越容易压裂产生裂缝。常用的测量方法也是拉伸法。

页岩的岩石应力分析,包括岩体内应力的来源、初始应力(构造应力、自重应力等)、二次应力、附加应力等。初始应力由现场测量决定,常用钻孔应力解除法和水压致裂法。二次应力和附加应力常用固体力学经典公式。

抗压强度是页岩气开发阶段的压裂强度计算的重要参数,对页岩气资源开发具有重要意义。页岩岩石强度,包括抗压、抗拉、抗剪强度及岩石破坏、断裂的机理和强度准则。室内常用压力机、直剪仪、扭转仪及三轴仪等仪器,现场做直剪试验和三轴试验,以确定强度参数。

岩石单轴抗压强度是岩石在无侧限条件下受轴向力作用破坏时单位面积所承受的荷载,是岩石最重要的物理力学性质之一。岩石三轴抗压强度试验是在三向应力状态下,测定和研究岩石变形和强度特性的一种试验。

7.3.3　　岩石敏感性分析

页岩的敏感性是指泥页岩的孔隙度和渗透率等物理参数随环境条件(温度、压力)和流动条件(流速、酸、碱、盐和水等)改变而改变的性质。相应的敏感指数的物理含义是指条件参数变化到一定数值后,岩石物性参数损失的百分率(主要是孔隙度和渗透率)。这些参数是影响储层产能的重要因素。岩石敏感性分析就是测试并分析这些参数及其变化,从而为研究制定页岩气钻采方案、压裂工艺等提供重要依据。

岩石敏感性分析包括分析研究岩石的水敏性、速敏性、酸敏性、碱敏性、应力敏感性等特性。

7.4 富有机质页岩的含气量测定

页岩的含气量是指单位体积页岩中页岩气的量,是页岩气勘探评价中的重要参数,也是页岩气实验测试的难点之一。含气量测定可分为直接测量法(解吸法)和间接测量法(等温吸附曲线法、测井法)。

7.4.1 直接测量法

直接法又称解吸法,由美国矿务局(USBM)提出,故又被称为USBM法。解吸法是测量页岩含气量最直接的方法,它能够在模拟地层实际环境的条件下反映页岩的含气性特征,因此被用来作为页岩气含量测量的基本方法。解吸法中页岩含气量由解吸气含量(V_d)、损失气含量(V_l)和残余气含量(V_r)三部分构成,解吸法测量页岩含气量基本流程如图7-17所示。

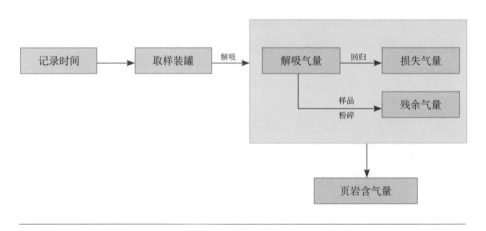

图7-17 解吸法测量页岩含气量基本流程图(唐颖等,2011)

(1)解吸气测量

解吸气量是指页岩岩心装入解吸罐后在大气压力下自然解吸出的气体含量。现在广泛使用的页岩解吸气量测量装置主要分为解吸罐、集气量筒和恒温设备。解吸气测量主要在钻井取心现场完成,在钻井过程中准确记录启钻、提钻、岩心到达井口及装罐结束的时刻,在岩心取出井口后,迅速装入解吸罐中,并使用细粒石英砂填满解吸罐空隙后密封,然后放入模拟地层温度的恒温设备,让岩心在解吸罐中自然解吸,并按时记录不同时刻的解吸气体积,直到解吸结束。

页岩样品解吸有自然解吸和快速解吸两种方式。自然解吸时间长,但测量结果更准确;快速解吸时间短,方便野外现场使用。自然解吸法中,装罐结束后5 min内测定第一次,以后每10 min、15 min、30 min、60 min间隔各测定1 h,然后120 min测定2次,累计满8 h后可视解吸罐的压力表确定适当的解吸时间间隔,最长为24 h,持续到连续7天每天平均解吸量小于或等于10 cm³,或在一周内每克样品的平均解吸量小于0.05 cm³/d,自然解吸结束;快速解吸时间为8 h,参照自然解吸的时间间隔记录不同时刻的解吸气体积,8 h后解吸结束。

将现场解吸得到的解吸气总量V_m代入式(7-12),校正成标准状态下的体积V_s,然后除以样品质量即为岩心的解吸气含量V_d:

$$V_s = \frac{273.15 p_m V_m}{101.325 \times (273.15 + T_m)} \tag{7-12}$$

式中 V_s——标准状态的解吸气体积;

p_m——现场大气压力;

V_m——实测解吸气体积;

T_m——现场大气温度。

(2)损失气量估算

损失气量是指钻头钻遇岩层到岩心从井口取出装入解吸罐之前释放出的气体体积。页岩损失气量通常通过USBM法直线回归获得。USBM法估算页岩损失气量基于以下假设:岩样为圆柱形模型,扩散过程中温度、扩散速率恒定;扩散开始时表面浓度为零;气体浓度从颗粒中心扩散到表面的变化是瞬时的。根据扩散模拟,在解吸作用初期,解吸的总气量随时间的平方根呈线性变化,因此,将最初几个小时解吸作用的读数外推至计时起点,运用直线拟合可以推出损失气量V_L,除以岩心质量即为样品的损失气含量V_l。

$$V_s = V_L + k\sqrt{t_0 + t} \tag{7-13}$$

式中　V_L（取绝对值）——损失气量；

　　　k——直线段斜率；

　　　t_0——散失时间；

　　　t——为实测解吸时间。

（3）残余气测量

页岩残余气量是指样品在解吸罐中解吸终止后仍留在岩心中的气体体积。残余气测量有破碎法、图示法和球磨法这三种方法。破碎法可靠性较低；图示法由于以破碎法为基础，可靠性因此也较低；球磨法是目前测量残余气通用的方法，其测量过程如下：自然解吸完毕后，取出部分样品称量后放入密封的球磨机中，粉碎到0.246 4 mm（60目）以下，然后放入和储层温度相同的恒温装置自然解吸，直到每个样品一周内平均每天解吸量不大于10 cm³时解吸结束。快速解吸法中，要将样品反复破碎、解吸，直到连续两次破碎、解吸的气量小于10 cm³时，快速解吸结束。解吸出来的气体量转换为标准状态下的体积除以样品质量即为页岩的残余气含量V_r。

解吸法是测量页岩含气量最直接的方法，广泛应用在页岩含气量测试中。因此，提高解吸法测量精度能够更加准确地评价页岩气含气性。损失气含量是解吸法中误差较大的部分，提高损失气量估算精度可以使含气量测试结果更加准确。

7.4.2　　　　间接测量法

间接法是通过等温吸附、测井等间接的方式确定页岩含气量的方法。等温吸附曲线是描述页岩储层吸附气量与压力的关系的曲线，它反映了页岩对甲烷气体的吸附能力。在给定的温度下，页岩中被吸附的气体压力与吸附量成一定的函数关系，代表了页岩中游离气与吸附气之间的一种平衡关系，由等温吸附线得到的气体含量反映了页岩储层所具有的最大容量。

通过测井方法也能反映页岩的含气量，如使用单位体积密度测井的方法可以获得页岩气含气量。含气泥页岩测井曲线响应通常具有"四高一低"的特征，即高自然伽马、高中子、高电阻率、高声波时差和低密度。根据这些特征，可以尝试建立测井曲线值和含气量的关系,从而达到通过测井曲线值反演含气量的目的。

下面以等温吸附实验为例介绍间接法。

等温吸附实验测试样品在不同气体和不同压力下的吸附体积。通过等温吸附实验获得的等温吸附曲线描述了页岩储层吸附气量与压力的关系,反映了页岩对甲烷气体的吸附能力,由等温吸附曲线得到的气体的含量反映了页岩储层所具有的最大容量。

吸附机理是页岩气赋存有效的机理。页岩气主要以物理吸附形式存在,一般采用Langmuir模型描述其吸附过程。

$$V = V_{L}p / (p_{L} + p) \qquad (7-14)$$

式中　V——吸附量,m^3/t;

　　　p——气体压力,MPa;

　　　V_{L}——Langmuir吸附常数,m^3/t;

　　　p_{L}——Langmuir压力常数,MPa。

V_{L}描述的是无限大压力下的气体积,即饱和吸附量;p_{L}描述的是气含量等于二分之一Langmuir体积时的压力。

方法原理:首先,将一定粒度(60 ～ 80目)的页岩样品置于密封容器中,测定其在相同温度、不同压力条件下达到吸附平衡时所吸附的甲烷等实验气体的体积;然后根据Langmuir单分子层吸附理论,计算出表征泥页岩对甲烷等实验气体吸附特性的吸附常数Langmuir体积(V_{L}),Langmuir压力(p_{L})以及等温吸附曲线。检测依据是GB/T19560—2004,选取多个压力平衡点,每一个压力点达到平衡的时间约12 h,然后再增压到下一个压力点,实验用的甲烷气浓度大于99.999%。

以渝东南地区下志留统龙马溪组黑色页岩的天然气吸附能力及其主控因素为例,测试得到样品的等温吸附线(图7-18)。从图7-18中可看出,在温度一定时,吸附量随着压力的升高而增加,当压力增加到一定程度时,吸附量达到饱和,不再增加。吸附曲线呈现三个变化阶段:当压力小于0.38 MPa时,吸附量随压力的增加呈近似直线上升趋势;压力在0.38 ～ 10.83 MPa时,吸附量进入过渡阶段,其增加速度逐渐降低;当压力大于10.83 MPa时,吸附逐渐达到饱和,吸附量随压力上升有少量增加或不再增加。这三个阶段和Langmuir方程理论所描述的吸附过程十分相似,因此

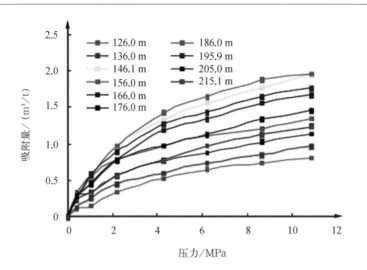

图7-18 渝页1井 126.0 ～ 215.1 m 页岩的甲烷等温吸附曲线(武景淑等,2012)

Langmuir方程能够很好地描述页岩对甲烷的吸附特性(武景淑等,2012)。

等温吸附实验是页岩测试技术中不可或缺的重要组成部分。值得注意的是,吸附作用是在低压(低于6.9 MPa)条件下储存天然气非常有效的手段,当储层压力接近或高于13.8 MPa的渐近线时吸附率不佳。另外,等温吸附获得的是页岩的最大含气量,其结果往往比解吸法测得的数值大,因此等温吸附实验一般只用于评价页岩的吸附能力以及确定页岩含气饱和度的等级,很少用其求取页岩含气量的多少,只有缺少现场解吸实验数据时才用其定性地比较不同页岩含气量的多少。

参考文献

［1］蔡雄飞,冯庆来,顾松竹,等.海退型陆棚相:烃源岩形成的重要部位——以中、上扬子地区北缘上二叠统大隆组为例.石油与天然气地质,2011,32(1):29-37.

［2］蔡雄飞,顾松竹,罗中杰.陆棚环境与大陆斜坡环境的识别标志和研究意义.海洋地质动态,2009,25(6):10-14.

［3］陈克造.中国盐湖的基本特征.第四纪研究,1992,3:193-202.

［4］陈尚斌,朱炎铭,王红岩,等.四川盆地南缘下志留统龙马溪组页岩气储层矿物成分特征及意义.石油学报,2011,32(5):775-782.

［5］程顶胜.烃源岩有机质成熟度评价方法综述.新疆石油地质,1998,19(5):428-434.

［6］程鹏,肖贤明.很高成熟度富有机质页岩的含气性问题.煤炭学报,2013,38(5):737-741.

［7］邓宏文,李熙哲.层序地层基准面的识别、对比技术及应用.石油与天然气地质,1996,17(3):177-184.

［8］耳闯,赵靖舟,白玉彬,等.鄂尔多斯盆地三叠系延长组富有机质页岩储层特征.石油与天然气地质,2013,32(5):708-717.

［9］ 崔景伟,邹才能,朱如凯,等.页岩孔隙研究新进展.地球科学进展,2012,27(12):1319-1325.

［10］ 崔景伟,朱如凯,崔京钢.页岩孔隙演化及其与残留烃量的关系:来自地质过程约束下模拟实验的证据.地质学报,2013,87(5):730-736.

［11］ 房立志,琚宜文,王国昌,等.华夏陆块闽西拗陷二叠系含有机质页岩组成及赋气孔隙特征.地学前缘,2013,20(4):229-239.

［12］ 高志勇,张水昌,刘烨,等.新疆柯坪大湾沟剖面中-上奥陶统烃源岩高频海平面变化与有机质的关系.石油学报,2012,33(2):232-240.

［13］ 顾家裕.陆相盆地层序地层学格架概念及模式.石油勘探与开发,1995,22(4):6-10.

［14］ 顾健,黄永建,王成善.松辽盆地"松科1井"南孔青山口组泥岩岩相研究.中国矿业,2010,19(zk):161-165.

［15］ 郭倩,蒲仁海,许璟,等.塔里木盆地南闸组地层对比与沉积相分析.西北大学学报:自然科学版,2011,41(3):491-496.

［16］ 郭秋麟,陈晓明,宋焕琪,等.泥页岩埋藏过程孔隙度演化与预测模型探讨.天然气地球科学,2013,24(3):439-449.

［17］ 韩辉,钟宁宁,焦淑静,等.泥页岩孔隙的扫描电子显微镜观察.电子显微镜学报,2013,32(4):325-330.

［18］ 胡受权.断陷湖盆陆相层序中体系域构型及其模式新论.西安石油学院学报,1998,13(6):1-7,11.

［19］ 黄振凯,陈建平,薛海涛,等.松辽盆地白垩系青山口组泥页岩孔隙结构特征.石油勘探与开发,2013,40(1):58-65.

［20］ 纪有亮.层序地层学.上海:同济大学出版社,2005.

［21］ 蒋敬业.应用地球化学.武汉:中国地质大学出版社,2006:18-19.

［22］ 金强,查明.柴达木盆地西部第三系蒸发岩与生油岩共生沉积作用研究.地质科学,2000,35(4):465-473.

［23］ 孔庆莹,邹华耀,胡艳飞,等.黄河口凹陷古近系烃源岩的地球化学特征.西安石油大学学报:自然科学版,2009,24(2):5-8.

［24］李娟,于炳松,郭峰.黔北地区下寒武统底部黑色页岩沉积环境条件与源区构造背景分析.沉积学报,2013,31（1）:20-31.

［25］李娟,于炳松.黔北地区下寒武统黑色页岩储层特征及其影响因素.石油与天然气地质,2012,33（3）:366-367.

［26］李延钧,冯媛媛,刘欢,等.四川盆地湖相页岩气地质特征与资源潜力.石油勘探与开发,2013,40（4）:423-428.

［27］廖立兵,熊明,杨中漪.岩矿现代测试技术简明教程.北京:北京出版社,2001:3-23.

［28］梁狄刚,郭彤楼,边立曾,等.中国南方海相生烃成藏研究的若干新进展（三）:南方四套区域性海相烃源岩的沉积相及发育的控制因素.海相油气地质,2009,14（2）:1-19.

［29］柳广弟.石油地质学.北京:石油工业出版社,2009.

［30］刘宝珺.沉积成岩作用.北京:科学出版社,1992.

［31］刘春莲,董艺辛,车平.三水盆地古近系土布心组黑色页岩中黄铁矿的形成及其控制因素.沉积学报,2006,24（1）:75-81.

［32］刘焕杰,桑树勋,施健.成煤环境的比较沉积学研究——海南岛红树林潮坪与红树林泥炭.徐州:中国矿业大学出版社,1997:29-33.

［33］刘树根,马文辛,Luba J,等.四川盆地东部地区下志留统龙马溪组页岩储层特征.岩石学报,2011,27（8）:2239-2252.

［34］刘招君,孙平昌,贾建亮,等.陆相深水环境层序识别标志及成因解释:以松辽盆地青山口组为例.地学前缘,2011,18（4）:171-180.

［35］刘岫峰.沉积岩实验室研究方法.北京:地质出版社,1991:80-85.

［36］龙鹏宇,张金川,姜文利,等.渝页1井储层孔隙发育特征及其影响因素分析.中南大学学报:自然科学版,2012,43（10）:3954-3963.

［37］聂海宽,张金川.页岩气储层类型和特征研究——以四川盆地及其周缘下古生界为例.石油实验地质,2011,33（3）:219-232.

［38］牛继辉,于文祥,汪志刚,等.吉林省松辽盆地白垩系下统青山口组油页岩沉积特征.吉林地质,2012,29（2）:71-73.

[39] 潘磊,陈桂华,徐强,等.下扬子地区二叠系富有机质泥页岩孔隙结构特征.煤炭学报,2013,38(5):787-793.

[40] 单卫国,王明伟.地层对比中层序地层学理论的运用——以滇东中下泥盆统为例.地层学杂志,2000,24(2):156-162.

[41] 司马立强,李清,闰建平,等.中国与北美地区页岩气储层岩石组构差异性分析及其意义.石油天然气学报,2013,35(9):29-58.

[42] 石玉春,阎明.四川盆地华莹山地层剖面放射性特征及其找油气意义.南京大学学报:地球科学版,1993,5(2):254-257.

[43] 孙省利,陈践发,郑建京,等.塔里木下寒武统富有机质沉积层段地球化学特征及意义.沉积学报,2004,22(3):547-552.

[44] 唐颖,张金川,刘珠江,等.解吸法测量页岩含气量及其方法的改进.天然气工业,2011,31(10):109-110.

[45] 涂建琪,金奎励.表征海相烃源岩有机质成熟度的若干重要指标的对比与研究.地球科学进展,1999,14(1):18-24.

[46] 王飞宇,杜治利,张宝民,等.柯坪剖面中上奥陶统萨尔干组黑色页岩地球化学特征.新疆石油地质,2008,29(6):687-689.

[47] 王剑,付修根,李忠雄,等.北羌塘盆地油页岩形成环境极其油气地质意义.沉积与特提斯地质,2010,30(3):11-17.

[48] 王小川,张玉成,潘润群,等.黔西川南滇东晚二叠世含煤地层沉积环境与聚煤规律.重庆:重庆大学出版社,1996:124-155.

[49] 王新民,宋春晖,师永民,等.青海湖现代沉积环境与沉积相特征.沉积学报,1997,15(zk):157-162.

[50] 王益友,郭文莹,张国栋.几种地化标志在金湖凹陷阜宁群沉积环境中的应用.同济大学学报,1979,7(2):51-60.

[51] 汪民.页岩气知识读本.北京:科学出版社,2012:37-55.

[52] 汪涌,操应长,郑文涛,等.陆相深水沉积层序和体系域边界识别方法初探——以东营凹陷牛38井为例.现代地质,2004,18(2):180-185.

[53] 魏魁生,郭占谦.松辽盆地白垩系非海相沉积层序模式.沉积学报,1996,

14(4): 50-60.

[54] 武景淑,于炳松,李玉喜.渝东南渝页1井页岩气吸附能力及其主控因素.西南石油大学学报:自然科学版,2012,34(4): 41-42.

[55] 吴勘,马强分,冯庆来.鄂西建始终二叠世孤峰组孔隙特征及页岩气勘探意义.地球科学:中国地质大学学报,2012,37(增刊2): 175-183.

[56] 肖钢,唐颖.页岩气及其勘探开发.北京:高等教育出版社,2012: 64-72.

[57] 徐国盛,张震,罗小平,等.湘中和湘东南拗陷上古生界泥页岩含气性及其影响因素.成都理工大学学报:自然科学版,2013,40(5): 577-586.

[58] 许璟,蒲仁海,郭倩.塔里木盆地卡拉沙依组砂泥岩段地层对比与沉积相研究.特种油气藏,2012,19(4): 51-55.

[59] 杨峰,宁正福,胡昌蓬,等.页岩储层微观孔隙结构特征.石油学报,2013,34(2): 301-311.

[60] 杨剑,易发成,钱壮志.黔北下寒武统黑色岩系古地温及指示意义.矿物学报,2009,29(1): 87-94.

[61] 杨玉峰,王占国,张维琴.松辽盆地湖相泥岩地层有机碳分布特征及层序分析.沉积学报,2003,21(2): 340-344.

[62] 应凤祥.中国含油气盆地碎屑岩储集层成岩作用与成岩数值模拟.北京:石油工业出版社,2004.

[63] 于炳松.密集段的地球化学标志.矿物学报,1995,15(2): 205-209.

[64] 于炳松,樊太亮.塔里木盆地寒武系-奥陶系泥质烃源岩发育的构造和沉积背景控制.现代地质,2008,22(4): 534-540.

[65] 于炳松,赵志丹,苏尚国.岩石学.2版.北京:地质出版社,2012.

[66] 于炳松.页岩气储层孔隙分类与表征.地学前缘,2013,20(4): 211-220.

[67] 于兴河.碎屑岩系油气储层沉积学.北京:石油工业出版社,2002.

[68] 赵澄林.东濮凹陷下第三系碎屑岩沉积体系与成岩作用.北京:石油工业出版社,1992.

[69] 赵佳楠,陈永进,姜文斌.松辽盆地南部白垩系青山口组页岩气储层评价及生储有利区预测.东北石油大学学报,2013,37(2): 26-36.

［70］ 赵文智,张光亚,何海清,等.中国海相石油地质与叠合含油气盆地.北京:地质
出版社,2002:68-69.

［71］ 仲米山,周志江,刘锦,等.阜新盆地王营矿区煤系沉积环境及聚煤特征.中国
煤炭地质,2011,23(11):9-12.

［72］ 周祺,郑荣才,李凤杰,等.测井曲线在陆相层序地层界面识别中的应用——以
鄂尔多斯盆地榆林气田山西组2段为例.大庆石油地质与开发,2008,27(4):
135-138.

［73］ 周中毅,潘长春.沉积盆地古地温测定方法及其应用.广州:广东科技出版社,
1992.

［74］ 朱红涛,杨香华,舒誉,等.陆相湖盆层序构型及其岩性预测意义:以珠江口盆
地惠州凹陷为例.地学前缘,2012,19(1):32-39.

［75］ 朱玲,樊太亮.密集段的识别标志及地质意义.石油与天然气地质,1997,
18(2):161-164.

［76］ 朱筱敏.层序地层学.北京:石油大学出版社,2000.

［77］ 朱筱敏.沉积岩石学.北京:石油工业出版社,2008.

［78］ Bowker K A. Barnett shale gas production: Fort Worth Basin issues and
discussion. AAPG, 2007, 91(4): 523-533.

［79］ Chalmers G, Bustin R M, Powers I. A pore by any other name would be as small:
The importance of meso- and microporosity in shale gas capacity (abs.): AAPG
Search and Discovery article 90090, 2009, 1. http: //www.searchanddiscovery.
com/abstracts/html/2009/annual/abstracts/chalmers.htm.

［80］ Chalmers G R L, Bustin R M. Lower Cretaceous gas shales in northeastern British
Columbia, Part Ⅰ: Geological controls on methane sorption capacity. Bulletin of
Canadian Petroleum Geology, 2008, 56 (1): 1221.

［81］ Coates G R, Xiao L Z, Prammer M G. NMR Logging Principles and Applications.
Texas: Gulf Publishing Company, 1999.

［82］ Curtis M E, Sondergergeld C H, Ambrose R J, et al. Microstructural investigation
of gas shales in two and three dimensions using nanometer-scale resolution

imaging. AAPG Bulletion, 2012, 96(4): 665–677.

[83] Curtis M E, Ambrose R J, Sondergeld C H, et al. Structural characterization of gas shales on the micro- and nano-scales: Canadian Unconventional Resources and International Petroleum Conference, Calgary, Alberta, Canada, October 19–21, 2010, SPE Paper 137693, 15 p.

[84] Haskin L A, Hankin M A, Pry F A, et al. Relative and absolute terrestrial abundances of the rare earths. In: Abrens, L H. Origin and Distribution of the elements Pergamon. Oxford, 1968, 889–912.

[85] Haskin M A, Haskin L A. Rare earth in European shales: a redetermination. Science, 1966, 154: 507–509.

[86] IUPAC (International Union of Pure and Applied Chemistry). Physical Chemistry Division Commission on Colloid and Surface Chemistry, Subcommittee on Characterization of Porous Solids. Recommendations for the characterization of porous solids (Technical Report). Pure and Applied Chemistry, 1994, 66(8): 1739–1758.

[87] Hickey J J, Henk B. Lithofacies summary of the Mississippian Barnett Shale Mitchell 2 T. P. Sims well, Wise Country, Texas. AAPG Bulletin, 2007, 91 (4): 437–443.

[88] Javadpour F. Nanopores and apparent permeability of gas flow in mudrocks (shales and siltstone). Journal of Canadian Petroleum Technology, 2009, 48: 16–21.

[89] Loucks R G, Reed R M, Ruppel S C, et al. Spectrum of pore types and networks in mudrocks and a descriptive classification for matrix-related mudrock pores. AAPG Bulletin, 2012, 96(6): 1071–1098.

[90] Macquaker J H S, Taylor K G, Keller M, et al. Compositional controls on early diagenetic pathways in fine-grained sedimentary rocks: Implications for predicting unconventional reservoir attributes of mudstones. AAPG Bulletin, 2014, 98(3): 587–603.

[91] Modica C J, Lapierre S G. Estimation of kerogen porosity in source rocks as a

function of thermal transformation: Example from the Mowry Shale in the Powder River Basin of Wyoming. AAPG Bulletion, 2012, 96(1): 87 – 108.

[92] Ross D J K, Bustin R M. Sediment geochemistry of the Lower Jurassic Gordondale Member, northeastern British Columbia. Bulletin of Canadian Petroleum Geology, 2006, 54 (4): 337 – 365.

[93] Slatt E M, O'Neal N R. Pore types in the Barnett and Woodford gas shales: Contribution to understanding gas storage and migration pathways in fine-grained rocks. AAPG Bulletin, 2011, 95(12): 2017 – 2030.

[94] Taylor S R. Geochemistry of loess, continental crustal composition and crustal modal ages. Geochim Cosmochim Aeta, 1983, 47: 1897 – 1904.

[95] Toth J R. Deposition of submarine crusts rich in manganese and iron. Geological Society of American Bulletion, 1980, 91: 44 – 54.

[96] Wingnall P B. Black Shales. Oxford: Clarendon Press, 1994: 45 – 89.

富有
页岩
沉积
成岩